心态与格局

李宏瑛 ◎ 编著

中国纺织出版社有限公司

内 容 提 要

虚荣心人人都有，但过度的虚荣会导致心态狭隘，格局变小，进而限制一个人的高度。我们不能为了虚荣，带着虚伪的面具生存，久而久之，甚至忘却如何做自己。

本书从心理学角度出发，剖析生活中大部分人的虚荣心理，告诉人们要放松心态，放宽格局，才能活出自我的风采，拥有幸福的人生。

图书在版编目（CIP）数据

心态与格局 / 李宏瑛编著. --北京：中国纺织出版社有限公司，2022.1
ISBN 978-7-5180-8399-2

Ⅰ.①心… Ⅱ.①李… Ⅲ.①成功心理—通俗读物 Ⅳ.①B848.4-49

中国版本图书馆CIP数据核字（2021）第040038号

责任编辑：张　羽　　责任校对：高　涵　　责任印制：储志伟

中国纺织出版社有限公司出版发行
地址：北京市朝阳区百子湾东里A407号楼　邮政编码：100124
销售电话：010—67004422　传真：010—87155601
http://www.c-textilep.com
中国纺织出版社天猫旗舰店
官方微博http://weibo.com/2119887771
三河市延风印装有限公司印刷　各地新华书店经销
2022年1月第1版第1次印刷
开本：880×1230　1/32　印张：6
字数：126千字　定价：39.80元

凡购本书，如有缺页、倒页、脱页，由本社图书营销中心调换

前言

人，需要有好心态，心态好的人，才能去实践所想，完成梦想；人生，需要有格局，格局高的人，才有广阔的视野，才能看到不同寻常的路。但是在中国这一人情社会，很多时候人们都脱离不开"面子"的困扰，影响到自己的心态和格局。失去什么，都不能失面子，为了面子，他们打肿脸充胖子，吃饭埋单总是抢在人前；为了面子，不好意思拒绝别人的无礼请求；为了面子，出入高档消费场所，心甘情愿地沦为卡奴、月光族；为了面子，在朋友圈不停地晒自己的幸福生活，求赞求评论，陷入面子怪圈无法自拔……可以说，大多数人都或多或少被爱面子的心理影响着，轻者偶尔臣服于面子几次，重者沦为面子的奴隶，一生都为了面子而活，过得又累又不真实。

不得不说，面子心理人人都有，从"人活一张脸，树活一张皮""佛争一炉香，人争一口气""士可杀而不可辱"，到"打狗还看主人面""不看僧面看佛面"等名言警句中就能窥探一二。其实，爱面子的心理人人都有，面子意味着尊严、别人的评价等，是我们匡正自己言行的重要标准。本来爱面子、讲面子都是人的一种"本能"，属于正常的心理需求，也是合情合理、天经地义的事情。然而，任何事物都有一定的度，如果过分地"爱面子"甚至达到了"活受罪"的程度，那么，面子本身所承载的正面意义就走向对立面了。而那些虚荣心特别强的人，那些成就感特别强的人，那些自尊心过于强的人，那些权力欲强的人，纷纷使出十八般武艺，将面子硬撑到底，但其实大多得不偿失。

可见，爱面子一旦过了头，就会伤及"里子"，让形象变得丑陋。那些爱面子的人，看似光鲜，其实不过是光鲜的皮囊下面藏匿了一个空虚且浅薄的灵魂罢了，他们的性格和心灵都没有经过长期的品格修炼和智慧沉淀。因此，如何认识自我和实现心灵成长才是突破面子心理的首要任务。

在经济飞速发展的今天，各种机遇和挑战无处不在，我们每个人都希望能在社会上占据一席之地，都希望被人认可和尊重，但我们千万要记住，真正的面子是自己给的，真正的尊严也是靠自我成长赢得的，正如李嘉诚所说："当你放下面子赚钱的时候，说明你已经懂事了。当你用钱赚回面子的时候，说明你已经成功了。当你用面子可以赚钱的时候，说明你已经是人物了。"

本书就是从"面子"问题出发，对社会生活中人们的"面子"心理进行分析，从内因和外因两方面进行剖析，让我们每个人对号入座找到自己"要面子"的症结，本书还结合人际交往、职场、商战、家庭生活等不同场合，指导人们如何放下面子，放平心态，放宽格局，活出真我的风采，成就精彩的人生。

编著者

2021年1月

目 录

第01章 格局放大,不要被虚荣心绑架 → 001

爱面子,不过是人前风光 → 002

人人都有虚荣心,但不可死要面子 → 005

生活是自己的,一味地要强不过是自欺欺人 → 008

"虚荣"的人生目标,终会让你不堪重负 → 011

你那么爱面子,很容易被人利用 → 014

第02章 心态放宽,内心的充实才是真正的富有 → 019

一味地攀比,使自己活得很累 → 020

多关注自己,无须羡慕他人 → 024

不要总是渴求得到他人的认可和赞许 → 027

正视自己,别太把自己当回事 → 029

路有千万条,唯有虚荣是条死胡同 → 033

第03章 承认不足,别用面子掩盖内心的虚弱 → 037

抛开面子,正视自己的性格缺陷 → 038

正视自己的不足,别自欺欺人 → 042

与其嫉妒别人,不如积攒自己的实力 → 045

恃才傲物，不过是面子心理作祟 → 050

正视自己的缺憾，你就赢得了成功 → 054

第04章　他人的尊重，应该是用努力和成功赢来的 → 059

要为梦想勇敢前进 → 060

不要在意嘲笑，勇敢走自己的路 → 063

借钱发展事业，要放下身段和面子 → 067

勇敢的人，才能有飞翔的机会 → 071

悲伤毫无意义，不如坚持走下去 → 075

第05章　放下面子，合理地拒绝是对自己的保护 → 079

来者不拒，不过是虚荣心理在作怪 → 080

好人缘，不一定要做"好好先生" → 083

学会说"不"，同情心泛滥容易被人利用 → 087

过分的请求，要果断拒绝 → 090

你不好意思拒绝，容易被人当成"软柿子" → 094

第06章　给人尊重，也是为自己收获人情 → 099

苛责别人，只会招来厌恶 → 100

给足他人面子，更易达成你的目的 → 103

良言一句三冬暖，恶语伤人六月寒 → 107

贬低他人，你也会被人轻视 → 110

想方设法把名声送给别人，你会收获更多 → 113

第07章　职场竞争，放平心态才有好前途 → 115

维护领导，别让领导"脸上无光" → 116

转让光彩，把功劳让给上司 → 119

无论何时，别抢领导风头 → 122

积累财富，"月光族"没什么自豪 → 126

低调行事，别总是想"拉风" → 130

第08章　商场沉浮，业绩是最好的证明 → 135

商场拼的不是面子，而是用业绩说话 → 136

商务谈判，不可为面子损失利益 → 140

与下属常沟通，并不会有失身份 → 142

给下属说话的机会，耐心听取他们的心声 → 146

第09章　学会服软和低头，才能经营出好的爱情 → 151

大胆表达出你的爱，爱情比面子重要 → 152

不能承受的"爱"，要果断拒绝 → 156

为爱服软，不是丢面子的事 → 160

眼泪攻势，会"哭"的女人楚楚动人 → 164

第10章　认清自我，撕掉虚假的伪装 → 167

　　认清自己，别过分关注面子 → 168

　　保持自我，才能不失本色 → 171

　　不要妄自菲薄，其实你已经很好 → 175

　　撕掉虚伪的面具，保持率真的心态 → 179

参考文献 → 183

第 01 章

格局放大，不要被虚荣心绑架

在中国，"面子"这个古老的中文词汇在它诞生之初就有了非比寻常的意义，以至于我们很多人无法不重视它的存在。古往今来，面子似乎都成为了一种国民性的东西。在官场上、酒桌上、社交场合，人们都把自己的面子看得比什么都重要，誓死捍卫自己的面子。面子固然重要，也有它的价值，但我们不可太爱面子，任何一个人，死要面子只能活受罪，以至于处处受面子的掣肘而给自己平添很多烦恼，甚至一事无成。

爱面子，不过是人前风光

在现实生活中，我们周围总是有一些人，他们特别爱面子，正所谓"天大地大面子最大"。有了面子，才能在人前抬头挺胸；有了面子，才有生活的勇气；有了面子，仿佛一切都不是问题。诚然，每个人都有面子心理，但凡事有度，我们要面子，但不能死要面子活受罪，要知道，很多时候，爱面子心理所引发的行为只不过是人前风光而已。

比如，我们发现，一些性情豪爽，天生爱请客、爱埋单的人，常常对周围的人说："我请客"，或者说"想吃点什么，随便点，今天我请客"。当他们表露出请客的欲望的时候，那种自豪感和满足感显得尤为突出。但实际上他们收入并不高，甚至囊中羞涩，为此，背地里他们只能自己节约，想想何苦死要面子呢？再比如，还有一类人，面对他人的请求，为了不失面子，他们通通应承下来，当被人恭维："还是您有办法"时，他们别提有多满足了，但实际上自己却并没有能力办到，于是，他们只好硬着头皮、费尽心力去做，最后也未必能办到；更有一些人，为了面子，他们无论做什么，都要讲究排场，背地里十分心酸……这样的例子，我们生活中数见不鲜，可以说都是死要面子带来的。我们再来看下面的故事：

第01章
格局放大，不要被虚荣心绑架

周杰是一名电脑程序员，从毕业到现在已经工作五年，月入八千，在二线城市，他这一收入情况应该已经存了一笔钱，但实际上，周杰却没有，因为他特别慷慨，总是喜欢请客。

周杰没有女朋友，因此，只要一下班，他就喜欢约上几个同事或者朋友去酒吧玩。通常情况下，都是由周杰埋单。其实，大家收入差不多，也都是单身男青年，对于这类吃吃喝喝的消费完全可以AA制，最初同事也都建议说费用大家一齐平摊。但是，每当埋单的时候，周杰就显得特别热情地说："我来吧！今天玩得很高兴，我请客！"

久而久之，大家似乎都形成了一个习惯，只要周杰抢着埋单，大家也都不跟他争了。有的同事觉得有便宜不占白不占，并且乐意享受这样的待遇；而还有的同事感觉老是小周一个人埋单，显得矮人一截，于是干脆在下次出去玩的时候找借口避开了。

而周杰本人呢？他其实也是有苦说不出，由于自己太爱面子，喜欢打肿脸充胖子、在同事面前表现得大方慷慨，现在的他经常出现不到月中就已经入不敷出的情况，而正因为如此，他也常常被父母责骂。

从周杰的经历中，我们大概能看出一些他的爱面子心理，他之所以如此豪爽，是因为他在请客时内心获得了一种满足感，大多数时候，他并不是经济条件比别人更好，但一到请客的时候，想必他的那种虚荣心就得到了满足。

一般来说，这类爱请客的人还有以下一些表现：他们似乎总是能找到一些请客吃饭的理由，比如，有事相求于朋友、联络感情等，甚至有些时候，他们根本找不到请客的理由，大家也提议AA制消费，但他还是露出极为不高兴的神情，然后并责备朋友说："你真是太见外了，太客气了，我付还不等于你付啊，大家都是自己人！"并且，从他说话的口气中，我们能真切地感受到他所说的话是充满诚意的，并且是充满自豪感的，但也许我们并不知道，他的经济情况已经不允许他这么做了。

我们其实也明白，一个人有能力为大家埋单证明了一点，他有足够的金钱，有足够的经济能力，他绝不会比别人差，所以，那些但凡喜欢经常请客的人都拥有一种强烈的自我满足欲望。还有那些对他人的请求来者不拒的人，表面上看，这是他们热心的表现，但其实，这只不过是他们为了满足自己的虚荣心而已。

不过，无论如何，我们要明白，很多爱面子的行为，不过是人前风光而已，爱面子，不等于有面子。做人，不要过度"保护"自己，要接受自己不完美的现实。人生在世，聪明的人都懂得看重里子，从内心提升自己，让自己变得越来越强大。懂得放下面子，才能走得更远。

人人都有虚荣心，但不可死要面子

我们都知道，中国人最重视面子，面子就是尊严，伤什么都不能伤面子。在很多人的心目中，面子是尊严的代名词，生活中，也有很多人，无论何时，都为自己做足面子：囊中羞涩却硬要做东请客，因为面子上过不去；为爱面子生活困难也不求助；不愿作为却勉强为之，也是为了面子……面子，实在太重要了。丢失了面子，就丢失了光荣，失去了光彩，矮了身份，感到脸上无光，心中无味。面子真的这么重要吗？

实际上，"要面子"并没有什么错，从某种程度看，它是人类的优点，这是知廉耻、懂礼仪、求上进的表现，但如果"死要面子"，那么，就必然会走向极端，甚至会让你"活受罪"，失去自我。除此之外，你还得学会中庸之道对其客观对待，把握分寸和程度。我们先来看下面一则故事：

战国时期，齐国有个为人称道的大善人叫黔敖，他总是乐善好施。

这年，齐国闹饥荒，百姓食不果腹，为此，他在路边设了施饭的点，免费为那些路过的饥饿的人提供饭食。

一天，有个人路过到此，已经饿得虚弱无力，他很想要一碗饭吃，但很爱面子，于是，他只好以袖遮面，踉踉跄跄地往前走。黔敖看到这个人，就左手端着吃食，右手端着汤，对他说道："吃吧！"

这个人抬头看了看他，然后说："我就是不愿吃嗟来之食，才落得这个地步。"黔敖追上前去向他道歉，但他仍然坚持不吃，终于熬不住，最后饿死了。

"宁可饿死，也不受嗟来之食"，表面上看，这是有自尊心的表现，但实际上，这是典型的"死要面子活受罪"，如果没有了生命，又何来自尊呢？

然而，在我们的现实生活中，那些爱面子的人和现象却比比皆是，比如，一个爱面子的人，朋友向他借钱，他明明自己囊中羞涩、无钱可借，但是为了不让别人看不起，却也答应下来。实际上，这并不是真正的仗义，而是无能的表现，为了维护自己的尊严宁可让自己受罪或损失，只有这样才让人觉得很了不起，虚荣心也得到了很大的满足。再比如，一些人盲目攀比，明明自己经济能力有限，但是看到别人买房买车，自己也买，导致生活拮据。还比如，在生活中，一些人认为过俭朴的生活很没有面子，特别是被别人看见了会大失颜面，所以很多人为了在别人面前摆阔气，总是大肆消费、铺张浪费，以赢取人们的眼光来获得属于他所谓的"面子"。

好虚荣、要面子是攀比心理的伴生物，的确，人们总是有好胜心，当自己的现状比周围的人差时，就会产生一种想超过的心理，这种心理会促使人们不断努力和进步，但如果这种心理变成了盲目的攀比，就会变成一种不务实际的心理焦虑，就等于为自己设置障碍。

实际上，每个人都是单独的个体，都应当有自己的个性。只有坚持走自己的路，才会活出自我。然而，这种好虚荣、要面子的心理焦虑具有一定的普遍性，要调整这种心理状态，应该客观地认识自己、认识面子问题，不要对自己抱有超出自己实际的期望。具体来说，我们需要做到：

1. 正确看待自己

人各有所长，也各有所短。以己之短，追慕他人所长，常常力所不及。如果能够摒弃这种以虚假的幻象来掩盖自己的攀比心理的做法，就会正确地认识自我，发现自己的长处，感觉到别人也有不如自己的地方，不再为自己不如别人而苦恼。只有具备这种心态，才能自得其乐，摆脱心理焦虑的苦恼。

2. 找到真正赢得他人尊重的方法

现今社会，商品经济日益发展，随着改革开放的不断深入，人们生活水平也逐渐提高。一些人为了面子讲享受，谈消费，认为只有"能挣会花"就是有面子。真正的生活面子，不是靠你的出手阔气来赢取别人的目光以获得面子的满足，而是靠你的人格魅力赢来的。

总之，关于面子问题，我们一定要正确看待，面子不是尊严，我们都有面子心理，但是要有度，"死要面子"就是失去自我！

生活是自己的,一味地要强不过是自欺欺人

爱面子之心,人皆有之,每个人活在这个世界上,都渴望能够得到别人的尊重,都希望自己在别人面前能有面子。面子的重要性是不言而喻的。面子是我们绕不开的一个问题。那么,什么是面子呢?一些人认为买大房子、开豪车、穿名牌服装就能显示出自己过得好,就是有面子,而其实,生活是自己的,"如人饮水冷暖自知",其实没有人在意你过得好不好,你的日子过得好不好只有你自己知道。而要面子,打肿脸充胖子,说到底不过是一种自欺欺人的做法。不过是一种虚幻的幻想,如镜中花水中月,所有的谎言都始于骗别人,终于骗自己。

20世纪,在美国有位著名的小说家布思·塔金顿,《伟大的安伯森斯》和《爱丽丝·亚当斯》就是他的作品,他凭借这两本书曾获得普利策奖。

他曾讲述过这样一个故事:

我曾作为特邀嘉宾参加过一个艺术品展览会,在展览会上,有个十几岁的小女孩来到我身边,希望我能给她们一个签名。

我对她们说:"布思没带自来水笔,用铅笔可以吗?"其实,我知道读者朋友一般不会拒绝我,但是依然想展现自己平易近人的风范。

果然，有个小女孩十分爽快地答应了："当然可以。"我也很欣慰。

然后，小女孩拿出自己的一本精彩的笔记本，然后递给我，我也十分潇洒地用铅笔在上面签上了我的名字，然后附加了几句鼓励的话语。

看到我的签名后，没想到女孩却皱起了眉头，问道："你不是罗伯特·查波斯啊？"

我脱口而出："不是。我是布思·塔金顿，《爱丽丝·亚当斯》的作者，而次普利策奖获得者。"

没想到，此时女孩扭头对旁边的女孩："玛丽，能借给我你的橡皮吗？"

那一刻，我所有的自负和骄傲瞬间化为泡影。

这件事告诉我，以后无论自己做出了多大的成就，都不要太把自己当回事。

从这个故事中，我们可以得出的一点是，有时候，在我们看来可以炫耀一番的事，也许在别人眼里不值一提，甚至会让他人产生鄙夷的情绪。也就是说，无论如何，我们都不要过于在意别人的眼光，不要为面子所累。

虽然如此，我们不得不承认的是，其实，现代社会，在我们周围，确实有一些爱面子的人，他们喜欢与周围的同事、朋友攀比，有些人花钱如流水，生活奢侈；他们认为，不管要花多少钱，别人有的，我也要买，绝对不能输给别人。不合口味的食物、不满意的衣服，就算是刚买的，也会毫不客气地扔掉，浪费的现象更是比比皆是。这种攀比、爱慕虚荣、追赶流行的心理自然让人们之间产生了所谓的"人情"，即靠金钱和物质来维持交往的友谊，很明显，人以群分，有相同心理的人会聚在一起，形成一个朋友圈，这就导致了很多人的"社会隔离型"性格，交不到真正的朋友。

生活中的你，我们也一定要明白，生活和人生都是自己的，我们要为自己而活，要关注自己的内心，不可过分在意他人眼光，而如果你是个极度好面子的人，那么，你最好从以下几个方面调节：

1. 关注完善自己

一个人如果明白只有完善自己才能逐步提高的道理，也就能转移视线，不仅找到了努力的动力，也会豁然开朗。

2. 正确认识荣誉

通常情况下，虚荣的人都很爱面子，希望得到别人的肯定和赞扬，希望每一个人都羡慕自己。要避免形成爱慕虚荣的性格，你就必须以正确的心态面对荣誉，每个人都应该争取荣誉，这是激励自己前进的动力，但决不能以获得面子为目的。许多事实证明，仅仅为了获取荣誉而工作的人，荣誉往往与他无缘。倒是那些不图虚荣浮利的人，常常会"无心插柳柳成荫"，于不知不觉中获得荣誉。也就是说，只要我们脚踏实地地做好本职工作，而淡化名利的话，荣誉自然会光顾我们。

3. 脚踏实地

脚踏实地的人懂得通过自己的双手和劳动来获得物质和财富，这样的人才是最可爱的、令人敬佩的。

其实，好面子就是在自欺欺人。没有人时时盯着你的生活，没有人在意你的收入是多少，没有人在意你的衣服多少钱，是不是最新款。面子可以是尊严，却绝不是虚荣，关注你的内心，才是提升幸福标准的不二法门。

"虚荣"的人生目标，终会让你不堪重负

我们都知道，人们都是渴望被尊重的，这就是人们为什么那么看重面子，面子从某种程度上来说是一个人追求理想，完善自我的必然结果，但不是人生的目标。一个人如果把追求面子作为自己的人生目标，处处卖弄自己，显示自己，就会超出限度和理智。人一旦超出限度、超出理智时，常常会迷失自我，不是你想干什么就干什么，而是面子要你干什么你就得去干什么。

德国生命哲学的先驱者叔本华说："凡是为野心所驱使，不顾自身的兴趣与快乐而拼命苦干的人，多半不会留下不朽的遗物。反而是那些追求真理与美善，避开邪想，公然向公意挑战并且蔑视它们的错误之人，往往得以不朽。"

的确，人人都在以不同的方式追求成功。但绝不能以面子为目标，一旦为面子奴役，就有可能靠掺杂使假骗钱财，能靠连跑带送谋官位，终究会为面子所累，甚至付出惨重的代价，我们任何人，都必须靠高尚的品行立身做人。马登在《伟大的励志书》中写道："每个人的一生，都应该有一些比他的成就更伟大，比他的财富更耀眼，比他的才华更高贵，比他的名声更持久的东西。"这个东西就是高尚的品格，达到此境界便是做人的成功，而且是人生真正的最大的成功。

曾经，在法国巴黎举办了这样一场音乐演奏会。

演奏会的举办者是巴黎的一个小提琴演奏家，这个演奏家为了提升自己的名气，他想了一个主意，请乔治·艾涅斯库为他伴奏。

乔治·艾涅斯库是罗马尼亚著名作曲家、小提琴家、指挥家、钢琴家，有"音乐大师"之誉。小提琴演奏家再三请求他，他最后只好无奈答应，并且还请了一位著名钢琴家临时帮忙在台上翻谱。

小提琴演奏会如期在音乐厅举行，一切都如小提琴演奏家之意。

可是，巴黎街头的人们却在手边的报纸上看到了这样一段评价：

"昨天晚上进行了一场十分有趣的音乐会，那个应该拉小提琴的人不知道为什么在弹钢琴；那个应该弹钢琴的人却在翻谱子；那个顶多只能翻谱子的人，却在拉小提琴！"

这个滑稽可笑的演奏会，可以说是对追求名声的人的莫大讽刺。这个真实的故事告诉世人，一味追求名声的人，想让人家看到他的长处，结果人家却偏偏看到了他的短处，这样的人又怎么能从容面对人生、享受人生呢？

哲学家尼采还说过，人最终喜爱的是自己的欲望，不是自己想要的东西！能够控制欲望而不被欲望征服的人，无疑是个智者。被欲望控制的人，在失去理智的同时，往往会葬送自己。因为，他们用钻营谋得来的权势，对上不得不唯唯诺诺，言听计从；对下虽能专横跋扈，逞一时之威，可是不受百姓拥戴，就像无源之水易于干涸，无本之木易于腐朽一样。

为此，你要谨记：

1. 脚踏实地，淡化名利

追名逐利是很多人把面子当成人生目标的重要表现，诚然，我们都追求荣誉，荣誉是一个人行为的结果，只能通过自己的诚实劳动，为祖国和人民履行义务才能获得。荣誉不能自封，不能作假，不能沽名钓誉，不能把它当作目的来追求。只要我们脚踏实地地做好本职工作，而淡化名利的话，荣誉自然会光顾我们。

2. 防微杜渐，不要让虚荣心滋生

没有人能真正做到完全对面子"视而不见"，因为我们希望得到肯定，而荣誉的确是个人成绩的表现之一。而你们要记住,"好名之害,与好利同",面子与虚荣心是一对孪生兄弟,虚荣心本身说不上是一种恶行,但不少恶行都围绕着虚荣心而产生。这种心理如同毒菌一样,消磨人的斗志,戕害人的心灵。为此,我们必须要做到防微杜渐,不要让虚荣心滋生。

可见,面子是一把"双刃剑",世上却不知又有多少人为面子所累。为了面子,他们追名逐利、被欲望控制,甚至用钱去谋取权力,要用权换取金钱的侵蚀,最终自食恶果。其实,我们应该把精力放在干些实事上,做一个相对简单的人,才有充实丰盈的快乐。

你那么爱面子,很容易被人利用

生活中,可能不少人曾有这样尴尬的经历:当有人求助于我们时,明明是可以拒绝的,但是碍于面子,最终一咬牙一跺脚却应承了下来,怕得罪人。殊不知,不少人就是吃定了你的这种要面子的心理,所以不会拒绝,于是,你就这样被人利用了。

的确,实际上,人们死要面子,是不愿承认个人力量的不足,其实,一个人越想要面子,越没面子。为此,我们若想防止被人利用,首先就要认识面子心理的危害,学会拒绝。

人生在世,任何人,包括那些想要证明自己的人,也应该注重自己的感受，而不是面子，如果死要面子，那么，你只能活受罪。

作为职场老好人，小陈深有体会。

小陈是一名职场新人，入职不到半年时间，从她在这家公司上班开始，隔壁办公室的王姐总是让她帮忙打文件，一开始她照顾别人的面子，也想和大家打好关系，所以觉得不好拒绝，可是时间一长，她发现王姐动不动就让她帮打文件，厚厚的一叠资料，小陈打字打的两眼冒金星。

这还是次要的，小陈的领导发现后也不高兴了，小陈明明是自己办公室的下属，凭什么给隔壁办公室工作。更要紧的是，小陈分不清轻重，自己手头的工作都没做好，居然还帮别人。领导暗示了小陈好几次，但是善良的小陈觉得自己吃点亏没事儿。

结果，她越发的发现领导对自己不重视，升迁无望，而隔壁的办公室却一而再，冉而三的让她帮忙，小陈也很恼火，但一想到拒绝可能得罪人，就张不开嘴了。

在我们身边，这种老好人很多，这一类人有一个通病：善良、单纯、热情、爱面子，怕得罪人，因此也就不懂拒绝。而其实，这样的人更容易被人利用。

其实，做人要有底线，如果只是举手之劳，助人一臂之力是理所当然。但是如果严重影响了自己的工作和生活，那么就需要好好的思考了。

另外，在遇到他人求助于你的时候，你大可不必为了所谓的面子而勉强自己，只要你选用正确的拒绝方式，就能在不伤害友谊的情况下拒绝对方。的确，一般来说，爱面子的人心更软，他们多半是不善于拒绝他人的，当然，也有一些人认为，既然是拒绝，有什么难的，直接说"不"即可，其实不然，如果你全凭自己的兴致，不顾他人面子直接开口拒绝，那么，对方可能会因为失了尊严而与我们决绝，这就得不偿失了。

有朋友会说了，那也实在太难了，多不好意思啊，实在是开不了口啊。到底是直接拒绝，还是委婉拒绝呢？实际上直接拒绝可以，委婉拒绝也可以，关键在于你敢不敢拒绝。很多人不是没办法，而是不敢开口。

我们再来看看下面这位深谙拒绝艺术的女经理是如何巧妙地说出"不"字的：

某公司的销售部经理刘红是个很善于与人沟通的人，在她的手下工作，很多员工都觉得干劲十足。公司其他领导都羡慕刘红的工作模式——上班只是喝喝茶，发发工作指令，员工们心甘情愿地为其卖命，毫无怨言。其实，这都是因为刘红很善于调动员工们的积极性。

一天，市场专员小王拿着一叠厚厚的资料，来到刘洪的办公室，对她说："刘总，这是这个月的市场调查报告，您有时间整理一下吧。"

刘红最近手头事情太多，而且，整理资料的工作本身就是下属应该做的。于是,她巧妙地拒绝道:"小王啊,你可一直是我最得力的助手啊,你看我桌上的文件,哎呀,你难道要看着我累趴下吗?算姐求你了,帮个忙吧,回头我请你吃饭。"

听到刘红这么说,小王扑哧一声笑了,不到几个小时的时间,他便把整理好的资料送到了刘红的办公室。

案例中的经理刘红拒绝下属的方法就是撒娇法,一句"哎呀,你难道要看着我累趴下吗?算姐求你了,帮个忙吧,回头我请你吃饭。"让下属看到了领导的可爱,这样一个可爱的领导,有哪个下属还会再好意思进一步要求呢?

任何人,都需要明白一点,谁都不能为了所谓的面子活着,太顾及面子只会为难自己,一个有修养的人并不是不会拒绝别人,也不是什么事都自己扛下,而是懂得大胆开口、真诚表达,说话情真意切,无论是求人办事,还是拒绝他人,都能做到不伤感情,最终达到自己的目的。

第02章

心态放宽，内心的充实才是真正的富有

有人说，面子与虚荣心相伴相生，爱面子的人就有虚荣心。其实，虚荣心本身说不上是一种恶行，但不少恶行都围绕着虚荣心而产生。这种心理如同毒菌一样，消磨人的斗志，戕害人的心灵。任何一个人，他的内心一旦被虚荣心占据，他就葬送了真正的幸福，为此，你必须要做到防微杜渐，不要让虚荣心滋生。

一味地攀比，使自己活得很累

人是群居动物，在社会生活中，有交流就有比较，当自己的现状比周围的人差时，就会产生一种想超过的心理，这种心理会促使我们不断努力和进步，但如果这种心理变成了盲目的攀比，就会产生一种不务实际的心理焦虑，就等于为自己设置障碍。实际上，每个人都是单独的个体，都应当有自己的个性。只有坚持走自己的路，放下攀比心，才会活出自我。

那么，人们为什么要攀比呢？其实这是面子心理在作祟，大家都不想被看轻，都想证明自己更有能力，更幸福，更有钱，而其实，"人比人，气死人"，现代社会，物欲横流，充斥在我们周遭的诱惑太多，人们的攀比之心也在与日俱增，而攀比是不满足的前提和诱因。人们在没有原则没有意义的盲目比较中导致心理失衡，胃口越来越大，追求的越来越多，越发不满足。而如果你能放下攀比给你带来的枷锁，活出不一样的自我，那么，快乐就会如影随形。

11岁的小米长得很漂亮，弹得一手好钢琴，是个人见人爱的女孩。但是，她也是个十分"奢侈"的孩子，穿的衣服不是"耐克"就是"阿迪达斯"，总而言之，从头到脚都是名牌。有些时候父母给她买来不是名牌的衣服，不管多好看，她都一概不穿，还为此哭闹了很多次。父母对她这点也十分头疼，实在不明白为什么孩子这么小就如此热衷于名牌，而小米的理由就是："让我穿这些，我怎么出去见人啊？我的同学都穿名牌，我要是没有，人家会笑话我的。我不穿，要不我就不去上学。"

不仅如此，小米还"逼"着爸爸给她买手机和高档自行车，原因也是"同学都有"。

其实，不只是小米这样的青少年，就连很多成人，也有攀比之心，这已经成了现代社会的一个普遍现象。

老子的道德经提倡无为而治。就是让人放下攀比之心。无为而无不为。意思是不攀比而无所不能。无为并不是什么都不做，而是放下攀比之心。因为有了攀比之心，人们不能按自己的方式去生活、去做事，会变成大至相同的人。人都有自己的特长，有自己的才能，有自己的价值观。以不攀比之心去做会做得很好，才会发挥自己最大的价值。

然而，这种好虚荣、要面子的心理焦虑具有一定的普遍性，要调整这种心理状态，应该客观地认识自己、认识面子问题，不要对自己提出超出自己实际的期望值。

王姐年纪不大，今年刚满四十。她很年轻的时候，圆润白皙的脸上，是很柔和的五官线条，看到邻居小孩的时候，总是要伸手来拧一下他的脸，然后说："有空的时候到我家来，给你吃糖。"

刚结婚那段日子，她把家里打扫的非常整齐干净，逢人也总是笑嘻嘻的。在他们那个年代她是非常出色的，相貌端庄，出身好，人也非常能干。

她对丈夫就特别好，手也特别巧，结婚了之后，全家老小的毛衣都是她织的。那时候，丈夫也对她特别好，不管冬天夏天，他都坚持给在单位上班的妻子送"爱心午餐"。她的名字里有个"娇"字，每天中午，单位的人都会听到她丈夫叫"娇，午餐"，他们单位的人都给她娶外号叫"娇午餐"，那段时间他们真的很恩爱，也没有人会怀疑这两个人不会白头偕老。

丈夫是做销售的，现在是个不错的职业，80年代初却并不是很容易做。但他很有韧性，拿出当年追她的劲头，硬是把一间快倒闭的小厂的产品弄活了。她们家成了周围亲朋好友羡慕的对象，他们的房子换大了，买了车，女儿进了学费让人咋舌的私立学校。而很多矛盾也跟着来了。

王姐开始喜欢上了有钱人的生活，每天不是上美容院就是和一群麻友们在一起，女儿的学习不管，丈夫回来也是冷锅冷灶。还不止这些，她成了典型的"怨妇"，丈夫和女儿听见的就只有她抱怨美容院的服务态度不好，怎么最近股票又跌了，快要成穷光蛋了，看见女儿一片红的试卷，马上就是又打又骂。丈夫一回来就训他，这个月的营业额怎么那么少？

刚开始，女儿和丈夫还受得了，可是时间一长，他们父女

第02章
心态放宽，内心的充实才是真正的富有

俩就提出要搬出去住了，后来丈夫提出和她离婚的时候，女儿居然没反对。

这都是欲望惹的祸，这样的女人怎么会有人爱？可能，你的薪水太少、职务太低、工作不顺心、任务繁重，可能你的丈夫不能给你让人羡慕的物质生活，于是，你开始不知足，开始抱怨。而这些物质生活的需要并不会因为你的抱怨而得到满足，于是，生活中，没有了希望，没有了阳光，怎么会给身边的人带来快乐呢？而一个有修养的人不会让欲望成为自己修养的杂质，她们知道知足常乐的道理，每天锅碗瓢盆的生活也让她们感受到无穷的幸福。

人人都有攀比之心，这是人类好胜心的一种体现，而且，男女所攀比的内容还不一样。男人们工作之余汇聚在一起，喝酒聊天，谈自己的妻子对自己是多么尊重，吹嘘自己的老板是怎么倚重自己。而女人们通常比的是谁的工作环境好，挣钱多；谁的老公更有权有势；谁的孩子更优秀；谁的房子大，装修豪华；谁的衣服化妆品牌子更响亮；谁看起来更年轻更漂亮……其实，这种比较是没有任何意义的。因为无论你怎么比较，你永远都是在过自己的生活，而不是别人的，你的生活、你的现状都不会受到任何影响。你既得不到别人的财产，也不会失去自己所拥有的一切。所以，请停止无谓的攀比，不要给自己徒增烦恼。

多关注自己，无须羡慕他人

有人说，人的虚荣心很多情况来源于面子心理，面子心理人人都有，但一旦被面子掌控，我们就很容易沦为它的奴隶，然而，我们发现，在我们生活的周围，就有这样一些很爱面子的人，他们常常因为虚荣心而使自己心理失衡，在他们的内心，有这样一些声音：如果妻子能漂亮点，带出去该多有面子；如果丈夫能年薪百万，我就不用这么辛苦……好好的一天，好好的心情，好好的一家人，往往因为这些抱怨眨眼间风云突变——最初两个人会把"离婚"当口头禅，而到后来，两个人便赌气："离婚就离婚谁怕谁"，于是双方就开始争吵，最初的那份心动和激情早已荡然无存。这样的生活还幸福吗？当然不！这是你要的解决吗？应该也不是！既然如此，为什么又要总羡慕、嫉妒他人的生活，而不关注自己的幸福呢？

小兰35岁了，和丈夫的婚姻也已经到了七年之痒的时候，这年，命运给她安排了一场突如其来的灾难，她后来常常想，如果没有这场灾难，也许她和丈夫早已劳燕分飞，因为他们已经没有任何在一起的理由了。丈夫马上要出国，可以拿到几倍的薪水，而自己也可以像时尚杂志中的单身贵妇一样再寻寻觅觅，找一个配得上自己身份和收入的男人。但命运不是这样安排的：

在丈夫即将出国前，她发现，她身边的任何一个女性朋

第02章
心态放宽，内心的充实才是真正的富有

友，无不是住着豪华别墅，丈夫或者情人无一不是行业内的精英、大老板，而自己的丈夫只不过是技术人员，他的收入让自己过着不痛不痒的日子，这样的日子她已经受够了，同是名牌大学毕业，为什么自己和姐妹们的命运如此不同？

于是，她和丈夫不断争吵，当正如人们说的，"家和万事兴"，不兴，则祸事而至。一天，她在上班的路上，出了车祸，当她从医院醒来，她发现，身边那个男人已经泣不成声，那一刻，她发现了这个男人的好，她想起了她们恋爱的那些日子。

那时候，她是个害羞、胆小的姑娘，因为觉得自己不够优秀，因此，遇到优秀的男孩时，她也不敢主动争取，就这样，好多年过去了，直到有一天，一次偶然的机会，他们相识了，他们一起照顾一只流浪狗，后来他们相爱了。她问他："如果有比我更好的女孩子喜欢你……"，他说："如果有比你的流浪狗更可爱的小狗……"，她说："我不会的，这小狗跟了我那么长时间，我们有感情了"；他说："哦，原来你懂得感情。我还以为你不懂呢。"于是，很快，尽管遭到了很多人的反对，但他们还是结婚了。

直到那一刻，付出沉重得不能再沉重的代价，小兰才知道真爱是不可以算计的，因为人算不如天算——如果一个人爱你，他必须爱你的生命，必须肯与你患难与共，必须在你危难的时候留在你的身边而不是转过脸去，否则，那就不叫爱，那叫"醒时同交欢，醉后各分散"，那种爱，虽然时尚，虽然轻

快,但是没什么价值。

这场车祸后,小兰在丈夫的照料下,很快康复了,他们之间的感情也和好如初了。

这个故事中,我们看到了一个结婚女人的心路历程。她应该感谢这场车祸,让她看到了自己的幸福,抛开了那些世俗的想法。

人们常常认为的"美好的风景在别处",其实其中含有我们对未来生活的美好期望,我们都在寻求改变,这并没有什么过错,但我们不能因此而忽视了自己的内心,忽视了当下的生活,这就有点得不偿失了。而事实上,"别处的风景"有时候并不美,当下我们拥有的才是最真实的:

我们不会担心自己因为财富过多而被绑架;我们不用承受声名之累;我们不必担心企业因自己的经营不善而倒闭;不必因为生意失败而承受巨大的精神压力;不用想象自己的另一半会不会因为金钱的关系而与我们对簿公堂;股市的涨跌也与我们小老百姓无关,因此我们简单并快乐的生活着。

总之,我们每个人,都应关注自己的生活,都要有知足的心态,对于现在的生活,都应持有知足的心态,对于身边的人,也应该珍惜。我们都有自己的天空,有自己的土地,有自己的蓝天,有自己的快乐,有自己的幸福,不去羡慕别人,这样你的生活才会变得悠然平静,从容不迫!

不要总是渴求得到他人的认可和赞许

生活中，我们发现，有些人活着就是为了得到别人的赞赏，他们太在乎自己的容貌，太在乎自己的面子，每天为了穿什么衣服、是否说错了某句话而思考良久，甚至忧心忡忡，这样的人活着很累。对此，心理学家给出的解释是，这些人之所以渴望得到赞赏，是虚荣心作祟，而自欺欺人就成了他们最好的慰藉。为了别人看似的美丽而活，你已经失去本色的自己。

在印度佛教的《百喻经》中，有这样一则寓言故事：

有一对恩爱夫妻，在外人看来，他们是神仙眷侣，妻子面目清秀、身材窈窕、性格温柔，但就是有个缺陷——她长了个酒糟鼻。柳眉、凤眼、樱桃小嘴、瓜子脸，却长了个酒糟鼻子，看起来是那么不和谐，让她的脸看起来如此突兀怪异。

这位丈夫虽然很爱自己的妻子，但对她的鼻子却总是无法释怀。

有一天，他来到大街上，路过贩卖奴隶的市场时，他看见了一处人声鼎沸，他走近一看，看到一个身材单薄、瘦小的女孩子，正在被头主们挑来挑去，似乎在等待着看谁会带走自己，这位先生打量了下这个女孩的容貌，他发现，这个女孩虽然长相一般，但她的脸上长着一个端端正正的鼻子，这鼻子的线条十分美丽，他立即决定买下这个女孩。

最后，虽然他花高价买了这个女孩子，但是他很满意，因为她长着自己想要的端正的鼻子,然后他兴高采烈地带着女孩子赶回家,想给心爱的妻子一个惊喜。

到了家中,他就将女孩子的鼻子割了下来,然后带着血淋淋的鼻子,对着妻子大喊:"夫人,快出来!你看我给你带了什么惊喜!"

"什么惊喜呢,至于你这么大声吗?"太太不解地应声走出来。

"你看,我为你带来了世界上最美丽的鼻子啊,快戴上看看。"

丈夫说完,就从怀中抽出匕首要去割去妻子的鼻子,妻子的酒糟鼻终于掉落在地上,丈夫赶紧将手里的女孩子的鼻子给妻子装上,但是他发现,无论自己怎么努力,那个端正的鼻子也无法贴合在妻子脸上。

可怜这位妻子,既无法得到女孩端正的鼻子,也失去了自己曾经丑陋的酒糟鼻,还要承受脸部的伤痛,这一切,都是因为他愚昧无知的丈夫。

玛乔里说:"不要为得到别人的赞美而活着,要让自己感到骄傲,才是真正的人生。惧怕别人看到自己的短处,这不过是一种虚荣心而已。"

俗话说:"金无足赤,人无完人。"人生确实有很多不完美之处,完美只在理想中存在。生活中的遗憾总会与你的追求相伴,这才是真实的人生。人不应过分地奢求不属于自己的东西，不要让追求完美成为生活中的苦恼。

要摒弃虚荣的完美主义，需要我们摆正自己的位置，那么，如何才能摆正自己的位置呢？毋庸置疑，准确到位的自我认知和客观公正的自我评价，是摆正位置的先决条件。尤其是在做困难而正确的事情时，我们就更要果断选择，决绝放弃，如此才能争取宝贵的时间占据先机，从而才能以优势获取成功。尽管摆正位置说起来很容易，但是真正做起来却很难。我们必须时刻牢记的是，我们首先应该认清楚自己的内心，知道自己想要达到怎样的人生目标，然后才能认准目标勇往直前。否则，当我们把宝贵的时间浪费在毫无意义的事情上，就会使得生命白白溜走，也不可能拥有充实丰盈的人生。

正视自己，别太把自己当回事

生活中，对于那些爱面子的人来说，他们都希望别人高看自己，但其实，你越是希望别人高看自己，越是会被人看轻。诚然，我们每个人都有自己的长处，但这不是我们骄傲自负的理由，著名作家李国文说过："淡，是一种至美的境界。"我们任何时候，都要保持心境的淡然，固然不可看轻自己，但也别高看自己。别太把自己当一回事儿，既是内心祥和、平淡是真、物我两忘的表现，也是一种修养、一种胸怀、更是人生境界的极致。唯有别太把自己当一回事儿，才能笑看云卷云舒，静观花开花落；唯有别太把自己当一回事儿，才能不狂妄，从而成就更大的事业。

其实，不管你现在站在多么高的位置上，都应该把自己看得与他人一样，这样的人才能得到他人真正的尊重和认可。同样的道理，一个人也只有始终保持不断进取，才能在往日辉煌的基础上再接再厉，否则一旦变得骄傲自满，也许那些曾经作为他炫耀资本的荣耀和成就，也将会不复存在。

有一次，梅兰芳接到请柬去赴宴，事先得知著名画家齐白石也在被邀请的人员之列。因而到达宴会之后，他与主人略略寒暄，就在西装革履的人群中寻找齐白石的身影。过了很久，他才看到衣着朴素的齐白石坐在一个角落里，显然受到了冷落。梅兰芳见状赶紧走出团团簇拥着他的人群，三步并作两步地朝着齐白石走去，隔着很远就恭恭敬敬地喊了一声"老师"，并且满怀热情地向齐白石问好。那些参加宴会的宾客们见到这一幕不由得大为惊讶，齐白石也非常感动，自此对梅兰芳颇有好感。

梅兰芳谦虚好学，从不自视清高，他不仅称呼齐白石为老师，还曾经拜普通人为师呢。有一次，梅兰芳参加京剧表演，尽管现场观众的喝彩声不断，掌声也非常热烈，但是他还是敏锐地听到观众中有位老者说："不好！"演出刚刚结束，梅兰芳来不及卸妆，就赶到观众的人群里找到那位老者，并且虚心

第 02 章
心态放宽，内心的充实才是真正的富有

向其求教。后来，他更是用自己的专车把老人接到家里，毕恭毕敬地说："能够给我指出缺点的人都是我的老师，既然您说我表演得不好，您就是我的老师，还望您不吝赐教，我一定积极改进。"看到梅兰芳的态度如此谦恭，老人非常感动，因而坦率地说："根据梨园惯例，阎惜娇上楼和下楼应该是上七下八，但是你上下却没有区别，上也八，下也八。"听了老人的话，梅兰芳佩服得五体投地，从此之后，他一直恭敬地称呼老人为"老师"，每当有重要的演出时，他都会主动邀请老人坐在前排观看，以便老人为他指出错误。

作为一代京剧大师，梅兰芳在京剧上的造诣很深，已然掌握了京剧的精髓，也把京剧演绎得出神入化。即便对于自己如此高的成就，梅兰芳也始终怀着谦虚的心态，不但称呼齐白石为老师，甚至对于观众中普通的老者一句"不好"，他也能够虚心求教，不断提升和完善自己。正是因为对待京剧表演如此严谨认真的态度，梅兰芳才能在京剧的道路上越走越远，最终登峰造极，取得了让世人瞩目的成就。

然而，我们发现，生活中，总有一些人自以为是，以自我为中心，觉得自己了不起，因而就自认为有了对他人指手画脚、说三道四的权利，并且还总是大张旗鼓、明目张胆地议论那些招人反感的事情。实际上，也许在他们夸夸其谈的时候，别人已经在心里无数次藐视他们，甚至鄙视他们，只是因为碍于面子才忍耐他们，没有直截了当地反驳他们，当面给他们难堪而已。这些人之所以如此炫耀和自负，就是因为他们误以为自己是参天大树，而以为他人都是低矮的臣服于他脚下的小草。殊不知，恰恰是他们这些自以为是的大树，才是他人心目中不值一提的小草呢！你何曾看过真正的大树随风摇曳？它们即使高耸入云，也依然保持着低调谦卑，从不自满。

美国著名的指挥家、作曲家沃尔特·达姆罗施才华横溢，他在二十几岁的时候就当上了一支乐队的指挥了。

年轻人往往很容易骄傲，沃尔特·达姆罗施也是这样的人，在当上了乐队指挥后，他开始骄傲自满、头脑发热了，他认为自己满腹经纶，无人取代。

直到有一天，即将排练时，他才发现自己出门时忘记带指挥棒了，这时，旁边的人告诉他可以向其他人借一根。

沃尔特·达姆罗施一愣，心想：不对呀，整个乐队除了我之外，谁还可能带着指挥棒呢？于是，沃尔特·达姆罗施就问："请问，你们谁能借我一根指挥棒呢？"当他说完以后，他吃惊地发现，大提琴手、首席小提琴手和钢琴手都从自己的上衣内袋里摸出了随身携带的指挥棒。

沃尔特·达姆罗施一下子清醒过来，意识到自己并不是乐队中必不可少的人物！很多人一直都在暗暗地努力着，时刻准备取代自己。

从此以后，每当沃尔特·达姆罗施思想放松的时候，他就会看到三根指挥棒在眼前不停地晃动着，提醒他自己的努力还不够。

　　或许你很聪明，或许你在某方面很有天赋，老天眷顾你，在人生的起跑线就给予你比别人多的东西，你的成功是必然。但如若只依靠自己的天资做事，不进行后天的训练，或是心浮气躁不再努力，那么你的天赋就是你人生最大的绊脚石。保持空杯心态，时时不忘学习，时时严格要求自己，才是成功的根本之道。

　　在这个世界上，优秀的人实在太多太多，我们不管有怎样的特长和优势，都不要因此而自以为是。要知道，人外有人，天外有天，我们只有保持谦虚的心态，才能不断进取。人生的进步是永无止境的，骄傲自满的心只会让我们停止进步，甚至会让我们退步。我们唯有保持一颗谦虚的进取之心，才能勇攀人生的巅峰。

路有千万条，唯有虚荣是条死胡同

　　我们知道，人人都有自尊心，然而，当自尊心受到损害、威胁时，当过分自尊时，就可能产生虚荣心。有人说，虚荣心与欲望是相伴相生的，当我们的内心被虚荣心占据时，很多不合理的欲望也就随之出现了，最终很有可能发生人生观和价值观的扭曲，甚至通过炫耀、显示、卖弄等不正当的手段来获取荣誉与地位。为此有人说，这个世界上，道路千万条，唯有虚荣是条死胡同。而只有做到控制自己的虚荣心，才能多一些开怀。

相信我们都读过法家作家福楼拜的代表作《包法利夫人》。

故事的主人公叫爱玛，她的父亲是一名富裕的土地种植者，她曾就读于贵族学校，这一类学校专门训练贵族子女，她很喜欢那些浪漫的文学作品，她经常幻想自己生活在奢华的宫殿中。

然而，我们始终活在现实的世界里，与虚幻的世界是大相径庭的，这使她非常苦闷。成年之后，艾玛嫁给了包法利医生，但是，医生的收入并不高，根本无法维持她奢靡的生活，而且，包法利医生是个对现状很满足的人，这让爱玛感到很烦恼。

后来，爱玛的第一个孩子出生了，但即使如此，爱玛还沉浸在自己的幻想中，他继续执迷不悟地贪图享乐，爱慕虚荣，竭尽全力地满足自己的私欲，梦想着能够过上贵妇的生活。为了追求浪漫的爱情，寻求她心目中的英雄，艾玛先是受到罗多尔夫的勾引，结果被欺骗了，后来，她又与莱昂暗中私通，中了商人勒乐的圈套，最终导致负债累累，无奈最后服毒自尽。

在这篇小说中，福楼拜批判了艾玛爱慕虚荣的本性，也深刻地批判了社会的畸形。这种批判引人深思，让人警醒。

日本京瓷公司的创始人稻盛和夫曾说："欲望和烦恼其实也是人类生存下去的动力，不能一概加以否定。但是，同时

第 02 章
心态放宽，内心的充实才是真正的富有

也有狠毒的一面，不断使人类痛苦，甚至断送人的一生。如此看来，所谓人类，是何等因果报应的动物啊！因为我们自己生存中不可或缺的动力，同时又是可能致使自己不幸，甚至毁灭的毒素。"事实上，当生活越简单时，生命反而越丰富，尤其是少了物质欲望的牵绊，我们越是能够从世俗名利的深渊中脱身，感受到自己内心深处的宽广和明净。

有位哲学家说过："虚荣心很难说是一种恶行，然而一切恶行都围绕虚荣心则生，都不过是满足虚荣心的手段。"

那么，是否可以将虚荣心限制在一定的程度和范围之内呢？可能你觉得很难做到，因为一旦你开始与他人进行比较，就很难控制与驾驭自己的虚荣心。但只要我们懂得充实内在，努力做好自己、超越自己，就能将虚荣心丢在脑后。

成龙曾说过一段话，他说："我以前演电影时用替身，我儿子在看的时候问我：'爸爸，这是你吗？好棒。'我支支吾吾地说：'嗯，是。'说完之后，心里很虚。后来我不用替身了，我就特别自豪地告诉他，这就是我，我心里很踏实。"

所以，充实的内在是赶走虚荣心的良药。这要求我们从以下几个方面努力：

1. 做真实的自己

做真实的自己体现在4个方面：

① 接受自己，认可自己，做自己力所能及的事情；
② 用真才实学武装自己；

③用真情实感表露自己；

④用真诚之心待人和完善自己。

2. 用真才实学武装自己

俗话说：艺高人胆大。只要有能力，你就有机会；只要善于学习和总结，你就能不断进步和提升。在竞争如此激烈的社会中，只要你不是徒有虚名，你就一定能有用武之地。

3. 用真情实感表露自己

这应该说是最容易、最简单、最轻松的一件事情，你不用编瞎话，不用掩饰自己，不用担心有人会揭穿你，不用害怕出现前后矛盾和言行不一致，你只需表达你真实的感觉就可以了，只有真实才是完备的，只有真实才是轻松的，在这个快节奏的世界中，真实，是大家最渴望的。

4. 用真诚之心待人和完善自己

真诚之心最能打动人，也最能影响人。人们真正需要的是真诚，真诚可以降低我们的沟通成本，建立和谐环境；真诚可以减少不必要的猜疑，快速拉近距离，建立融洽、互助的关系。

总之，你需要明白的是，虚荣心本身说不上是一种恶行，但不少恶行都围绕着虚荣心而产生。这种心理如同毒菌一样，消磨人的斗志，戕害人的心灵。为此，你必须要做到防微杜渐，不要让虚荣心滋生。

第 03 章

承认不足，别用面子掩盖内心的虚弱

我们都知道，人无完人，每个人都有自己的不足和缺陷，无论是性格还是能力上的，而不断完善自己的过程，就是追求成功的过程。然而，在一些人看来，承认不足，是很没面子的，其实不然，真正的面子是自己挣来的，不愿意正视自己的不足，反而是用面子掩盖自己的虚弱，最终一事无成。为此，任何人，面对不足，都要放弃面子心理，都要努力克服自身缺点，进而获得成长。

抛开面子，正视自己的性格缺陷

我们都知道，人无完人，人的性格也是如此，并无完美，人的性格缺点有很多，做事拖拉、骄傲自大、盲目冲动、依赖性强、贪婪等，而很明显，这都是阻碍我们成长的最大的绊脚石，因此，从我们自身角度看，必须从现在起，抛却面子，正视自己的性格缺点并努力克服，把自己历练成一个心态阳光、性格坚韧的人，只有这样，你才有可能成为一个高度自制、不为性格缺陷左右的人。

然而，一些人认为，承认自己性格方面的不好，无异于暴露自己的弱点，是很没面子的行为，我们要明白，没有人生来是完美的，也没有人生来就是伟大的，没有人可以不做小事就直接做大事，就像走路，每一小步看起来是那么不起眼，但走的久了，你会发现自己居然走过那么长的路途！我们生活中的每一个人，都应该以敏锐的洞察力来审视自己的性格。我们要相信一点：坏性格是可以改变的。改变了性格中的那些瑕疵，你的命运也会如美玉般透亮。

还有些人可能说，性格不是先天形成的吗？如何改变呢？的确，生活中，我们不少人认为有些东西是可以学习来的，但事实上并不是这样。尤其是牵涉到人的性格方面，"江山易改，秉性难移"。无论脑子里装了多少的道理，你的临场表现和反应，仍然会差强人意，因为那是你真实性格的流露。读书可以明理，却改变不了性格。

思想是意识、是理性的；性格是潜意识，是非理性的。从意识到潜意识，这二者之间隔着一道鸿沟。性格是习惯的累积，改进性格，要从潜意识着手，养成新的习惯。潜意识不能用意识去控制，但是可以对潜意识进行训练。自我心理暗示，是对潜意识进行训练的最好方法。

刘霞曾是位家庭主妇，要照顾三个孩子和丈夫的起居和学习，曾经，她是个胆小又懦弱的人，一切都由丈夫操心，但这两年，她经历了一些不寻常的事，包括丈夫车祸、下岗，她的世界好像一下子塌了，曾经一度，她都在噩梦中醒来。刘霞患有严重的风湿症，特别痛苦。与此同时，为了重新探索自己的信仰与生命目标，她陷入苦苦的挣扎之中。

因为接二连三发生了一些事情，所以刘霞的朋友建议她可以写一些东西，以宣泄自己内心的痛苦。开始的时候，刘霞对朋友的建议持质疑的态度，毕竟这对她来说是一件极为不寻常的事。不过，最终她还是采纳了朋友的建议，开始练习写作。

每天早上醒来的时候，她都清晰地记得自己晚上做了哪些梦，于是，她赶紧提笔写下来，当她写完以后，她这一天的心情就好多了。随着练习的时间越来越长，刘霞进步得很快，渐渐地打开了自己，迎接灵性的成长，与此同时，她还日益感受到在奋斗与挣扎中寻找到爱、信心和勇气的快乐。

终于有一天,刘霞发现,自己已经习惯了写作的日子,曾经那些所谓的痛苦也已经不再缠绕自己了,她的写作功底也得到了他人的认同。她的内心日益充实丰盈,充满了爱、灵性和力量。通过自己的笔端,刘霞把自己所得毫无保留地传递给了别人。

生活中,我们每个人都有一些习惯,有好的,也有坏的,但无论是养成好的习惯,还是解除坏习惯,都需要我们真正从意识上改变,我们只有不断告诫自己坚持到底,才能真正将习惯变成无意识的行为。

人们常说,一天之计在于晨,早上的行为与观念决定了我们一天的观念和行为,如果早晨刚睁开眼的你就已经决定了今天要为自己的好习惯付出努力时,那么,这一天内,你的行为可能就是在正轨上的,而反过来,假如你在早上就已经消极处之,那么,接下来,你可能会懈怠、放纵,"量变引起质变",今天你的行为如何,直接关系到你的习惯的形成。以下的原则,可以帮助你培养新的、理想的习惯,改进自己的性格:

1. 相信自己,正视开端

任何大的成功,都是从小事一点一滴累积而来的。没有做不到的事,只有不肯做的人。想想你曾经历过的失败,当时的你真的用尽全力试过各种办法了吗?困难不会是成功的障碍,只有你自己才可能是一个最大的绊脚石。

2. 扎实的基础是成功的法宝

很多人不满意现在的工作，羡慕明星、大款或者成功人士，不安心本职工作，总是想跳槽。其实，没有十分的本领，就不应有这些妄想。我们还是多向成功之人学习，脚踏实地，做好基础工作，一步一个脚印地走上成功之途。

3. 实干才能脱颖而出

那些充满乐观精神、积极向上的人，总有一股使不完的劲，神情专注，心情愉快，并且主动找事做，在实干中实现自己的理想。

4. 用心做事，尽职尽责

以积极主动的心态对待你的工作、你的公司，你就会充满活力与创造性的完成工作，你就会成为一个值得信赖的人，一个老板乐于雇用的人，一个拥有自己事业的人。

5. 对待小事也要倾注全部热情

倾注全部热情对待每件小事，不去计较它是多么的"微不足道"，你就会发现，原来每天平凡的生活竟是如此的充实、美好。

性格决定命运。如果你期望一个成功的人生，那么就必须改进自己的性格。

正视自己的不足，别自欺欺人

即便是那些成功者也会有缺点，但是大部分人因为爱面子，不愿意正视自己的不足，他们认为，承认自己的不足，就是承认自己的虚弱，为此，他们会将自己的缺点隐藏在暗处或者忽略它们，但成功者却能理解它们，这就是他们成功的原因。实际上，没有人是毫无缺点的，隐藏自己的不足，不过是自欺欺人，它并不会因为你的忽视而不存在，相反，我们只有正视自己的不足，才能不断完善自己，这样，它就会成为我们努力和奋斗的催化剂，助我们成功。

古人云："人贵在有自知之明"，试想，如果一个人都不了解自己，自高自大、目中无人、心胸狭窄，那又怎么能不断进步，又怎么能成功呢？

富兰克林小的时候，家境很穷。所以，他只在学校读了一年书就不得不出去工作。然而，童年时的贫寒并没有消磨他的意志，反倒让他更加上进，最终成了美国杰出的政治家、外交家，受人敬仰。

其实，富兰克林并不是天才。那么，除了刻苦勤奋外，他是不是还有什么成功的秘诀呢？事实上，在富兰克林的身上，有一种非常重要的品质，那就是经常反省自己。正是这种品质，促使他不断地发现自己的缺点，不断改进，成为一个拥有很多美德的人，最终走向成功。

第03章
承认不足,别用面子掩盖内心的虚弱

每天晚上,富兰克林都会问自己:"我今天做了什么有意义的事情?"

他检讨自己的缺点,发现自己有13种严重的缺点,而其中为小事烦恼、喜欢和别人争论、浪费时间这3个最为突出。他通过深刻的自我检讨认识到:如果要成功,就一定要下决心改造自己。

于是,富兰克林设计了一个表格。表格的一边写下自己所有的缺点,另一边则写上那些美好的品质,比如俭朴、勤奋、清洁、谦虚等。他每天检查,反省自己的得与失,立志改掉缺点,养成那些美德。这样持续了几年,他终于成功了。

的确,我们每个人都不可能完美无瑕,而及时的反省和自我批评往往是找到自身不足和纠正自我、实现快速转变的关键所在。

面对激烈的竞争,面对瞬息万变的环境,那些不愿意反省自己或者因为爱面子而不愿意正视自己不足的人,必将面临衰败的结局。同时,在快节奏的信息社会中,一个人如果不能及时察觉自身的缺点,不能用最快的速度修正自己的发展方向,也必然会在学业和事业中落伍,被无情的竞争所淘汰。

那么,生活中,我们怎样做才能发现、理解自己的缺点并努力改善呢?

1. 正确认识自己,接纳自己

一个人要对自己的品质、性格、才智等各方面有一个明确的了解，方可在生活中获得较为满意的结果。除此之外，不要讨厌自己，不要以为自己爱面子就容忍自己的短处。当然，也不要看不到自己的价值，只看到自己的不足，什么都不如别人，处处低人一等。

2. 常做自我反省

其实，当我们遇到问题时，应该学会反省，反省自己的行为，反省自己的思想，我们要会承担自己的责任，学会反省自己的言行。任何时候，学会反省自己，始终是最明智、最正确的生活态度。

那么，什么是反省呢？反省即检查自己的思想行为，检查其中的错误。学会反省，就是在做出一件事后进行自我检查。古人云："知人者昏，自知者明。"的确，人贵在有自知之明，试想，如果一个人自己不能了解自己，目空一切，心胸狭窄，心比天高。又怎么会虚心进取？就更不用说成功了。

3. 时常放空自己

有一个国王，他善于治理国家，于是，他的国家富足又强大，其他国家也不敢来犯，因此，一直以来，他都比较满足，但有一天，他忽然觉得非常惶恐。于是，他召集王宫中的智者说："我很想找到一个钟，用来使我安定。当我不快乐时看它，它会使我快乐，在我快乐时看它，它会使我忧愁。"智者绞尽脑汁，终于在最后设计出国王想要的这个钟，不过上面刻了这样一句话："这，也将成为过去。"

的确，我们如果总是停留在过去的成就、荣耀中，便不能以虚心的心态去求知，便总是驻足不前。因此，如果你想让自己的内心变得更为强大宽广，如果你想在人生路上继续前进，那么，你就必须懂得放下智慧，放下过去的兴衰荣辱，以空杯心态面对未来。

4. 不断学习，让自己具有硬实力

这里要学习的有很多，比如，学识、技能、素质等。多方面提升自己，你就有了实力和竞争力，也自然多了更多成功的机会。

5. 不断挑战自己

任何一个人，在这个快节奏、高效率的时代，要想脱颖而出，要想进步，就必须要做到不断挑战自己，要知道，一个人的能力是需要不断挖掘的，只要我们能相信自己，欣赏自己，摒弃自卑，我们就能在职场、事业上不断彰显自己的能力和价值。

总之，我们要正视自我，发现自己的缺点或者做得不够好的地方，然后加以改正，使自己不断进步，并能够扬长避短，发挥自己的最大潜能，从而不断获得成功。

与其嫉妒别人，不如积攒自己的实力

我们都知道，生活于一定群体的人，往往会不自觉地与周围的人进行比较，比较就有差异，于是，人们很容易产生嫉妒心理。嫉妒是面子心理的一种表现，人们在比较之下，认为自己各方面不如人，认为没面子，嫉妒心理便油然而生。

美国著名心理学家布鲁纳曾经指出，好胜的内驱力可以激发人的成就欲望。但如果不能正确地认识竞争就会导致人们在相互的竞争中产生嫉妒心理。嫉妒过于强烈，任其发展，则会形成一种扭曲的心理：心胸狭窄，喜欢看到别人不如自己，并喜欢通过排挤他人来取得成功。

所以，我们任何一个人，要明白一个道理，只有实力才能赢得面子。为此，与其嫉妒别人，不如积攒自己的实力，你应该学会正确地看待他人的优点和成绩，应该学会赶超，但千万别嫉妒。

有这样一则寓言故事：

从前，皇帝手底下有两个人，一个是瓦匠，另一个是油刷匠，瓦匠非常妒忌油刷匠。

瓦匠想给油刷匠出个难题，所以他跑去对皇帝说，请皇帝让油刷匠把大象洗干净，他说大象能洗成白色的，油刷匠说，我可以把大象洗成白色，但我需要一个大缸，好把大象放进去洗。于是皇帝就命令瓦匠去做个大缸，但是大象真的太大太重了，只要大象走进去，大缸马上就碎了，所以瓦匠需要不停地做大缸……

的确，我们任何人，在竞争中都会产生压力，也会不自觉地常常喜欢与他人作比较，但当发现自己在才能、体貌或家庭条件等方面不如别人时，就会产生一种羡慕、崇拜，奋力追赶的心情，这是上进心的表现。但同时，很容易产生嫉妒心理。嫉妒是对才能、成就，地位及条件和机遇等方面比自己好的人，产生的一种怨恨和愤怒相交织的复合情绪。也就是通常所说的"红眼病"。

黑格尔曾经说过：有嫉妒心理的人，自己不能完成伟大的事业，就尽量低估他人的强大，通过贬低他人而使自己与之相齐。由此可以看出，嫉妒是一种不良的心理状态，对一个人的成长同样是极为不利的。

从前，有一只鸟，它嫉妒它的朋友飞得比它高，为此，当猎人经过的时候，它告诉猎人将这只鸟射下来，猎人答应了它，但是猎人告诉它需要它身上的一根羽毛作为箭。于是，这只鸟竟然答应了，将身上的羽毛拔下来，递给了猎人。但是它的朋友已经飞得很高了，猎人射出来的羽毛还没到半空就掉了下来，猎人告诉这只嫉妒的鸟："再给我一根羽毛吧，我再射一次。"

于是，嫉妒的鸟又在自己身上拔了一根羽毛递给猎人，但是此时，那只鸟又飞走了，又在自己的身体上拔了根毛给猎人。当然，还是射不下来。一次又一次……最后，嫉妒的鸟身上的羽毛已经被拔光了，它自己再也飞不起来了，此时，猎人的双手伸向了它："那么我就抓你好了。"于是就把这光秃秃的，嫉妒的鸟抓走了。

看完这则寓言故事，我们不免嘲笑这只愚笨的鸟，但其实我们人类何尝不是如此呢？很多时候，一些人因为怒烧的妒火而做出了害人害己的事。

爱默生在他的短文《自我信赖》中说过这样一段话：

无论是谁，总有一天，他会明白，嫉妒是毫无用处的，而模仿他人简直就是自杀，因为无论好坏，能帮助我们的，只有我们自己，一个人只有耕好自己的一亩三分地，才能收获自家的粮食；你自身的某种能力是独一无二的，只有当你努力尝试和运用它时，你才能真正感受到这份能力是什么，也才能体味它的神奇。

面对嫉妒心理，我们要结合自己的实际情况，找出克服嫉妒心理的心理对策，并有意识地提高自己的思想修养水平，这是消除和化解嫉妒心理的直接对策。

要克服嫉妒心理，你可以这样做：

1. 自知之明，客观评价自己

当嫉妒心理萌发时，或是有一定表现时，如果我们能冷静地分析自己的想法和行为，同时客观地评价一下自己，找出一定的差距和问题，也就能积极地调整自己的意识，控制动机和情绪了。

2. 发现别人的长处

以这样的心态面对比自己优秀的朋友，不仅能学会用客观的眼光看自己和对方,也能弥补自己的不足,这样,就不至于为一点小事钻牛角尖,还能交到帮助自己成长的真正朋友。

3. 友善又和谐地与人相处

对于青春期的你来说,人际交往在你的心理健康发展中非常重要,通过与人交往,你不仅能感受到关爱,还能通过他人的评价,及时地改正自己的不足,并且还能督促自己成长。同时,这对排解嫉妒心理也非常有利。

4. 接纳自己和完善自己

任何人都不可能十全十美,当然也不会一无是处。青春期的孩子,容易骄傲自满,也容易自卑。因此,你有必要接纳自己并完善自己,所谓的接纳自己,就是既能看到自己的不足,又能看到自己的优点,然后继续发扬自己的优点,改正自己的缺点。当然,这里有一个关键点。你要相信自己是有价值的人,从而全力以赴地去实现自己的价值。

5. 快乐之药可以治疗嫉妒

你要善于从生活中寻找快乐,就正像嫉妒者随时随处为自己寻找痛苦一样。如果一个人总是想:比起别人可能得到的欢乐来,我的那一点快乐算得了什么呢?那么他就会永远陷于痛苦之中,陷于嫉妒之中。

6. 自我宣泄,是治疗嫉妒心理的特效药

嫉妒心理也是一种痛苦的心理,当还没有发展到严重程度时,用各种感情的宣泄来舒缓一下是相当有必要的,可以说是一种顺坡下驴的好方式。我们可以采取向好朋友和亲人等倾诉的方式，把心中的不快痛痛快快地说个够，暂求心理的平衡，然后由亲友适时地进行一番开导。

总之，嫉妒是一把利剑，这把利剑不仅可能会伤到别人，还会伤害自己。它刺向自己的心灵深处，伤害的是自己的快乐和幸福。俗话说："人比人，气死人"，人们在没有原则没有意义的盲目比较中会导致心理失衡从而引发嫉妒之心，而如果你能放下比较给你带来的枷锁，活出不一样的自我，那么，快乐就会如影随形。

恃才傲物，不过是面子心理作祟

生活中，我们会发现这样的一个现象：交通事故的肇事司机都不是新手上路，而是技术熟练者；工作上出现纰漏的人也绝非经验尚浅的人，而是那些自恃资深的老手。这都说明了一个道理：人们在成绩面前容易自我膨胀，飘飘然，以为很了不起，放松了要求，结果，祸由骄傲生！的确，任何时候，如果恃才傲物，有了一点成绩就无法保持思想上的清醒，就会导致工作上的失败，导致事故的发生等。

事实上，一些人在取得一点成绩时就沾沾自喜，主要还是面子心理作祟，你认为了不起，但别人不过一笑了之，其实，

第03章
承认不足，别用面子掩盖内心的虚弱

一旦恃才傲物，就容易给自己的行为埋下祸患。

生活中的我们也要记住，无论何时都要保持清醒的头脑，只有这样，你才会稳扎稳打，学好文化知识，学好如何做人做事的道理，走好人生的每一站。

杨修是三国时期才思敏捷的文学家，后来官拜主簿，成为曹操的谋士。

有一次，曹操造了一座花园，花园建成后，曹操前去验收，一直无语，只是在园门上写了一个"活"字。

工匠们不懂曹操是何意，便去问杨修，杨修对工匠们说："门内添活字，乃阔字也，丞相的意思是，诸位把花园园门造得太宽大了。"工匠们恍然大悟，于是拆了重建园门，完工后再请曹操验收。曹操大喜，问道："谁领会了我的意思？"左右回答："多亏杨主簿赐教！"曹操嘴上称好，但内心其实很忌讳。

后来，曹操出兵汉中进攻蜀国，当时军队困于斜谷界口，进退两难，因为进一步被马超拒守，退一步又害怕被蜀兵耻笑，心中犹豫不决，此时，厨师端着鸡汤步入营帐，曹操看到碗里的鸡肋，心中有感于怀。正左右思忖时，夏侯惇入帐，禀请夜间口号。曹操随口答道："鸡肋！鸡肋！"惇传令众官，都称"鸡肋！"此时的杨修为行军主簿，他见传"鸡肋"二字，便教随行军士收拾行装，准备归程。有人报知夏侯惇。

夏侯惇大惊，遂请杨修至帐中问道："公何收拾行装？"

杨修说:"从今夜的号令来看,便可以知道魏王不久便要退兵回国,鸡肋,食之无肉,弃之可惜。现在,进不能取胜,又不可退兵,在这空耗无意义,不如班师回朝,明日魏王必然班师还朝。所以先行收拾行装,免得临到走时慌乱。"夏侯惇说:"您真是深知魏王之心啊!"于是,便开始命令部队收拾行囊,曹操得知这个情况后,传唤杨修问他,杨修用鸡肋的意义回答。

曹操大怒:"你怎么敢造谣生事,扰乱军心!"便喝令刀斧手将杨修推出去斩了,将他的头颅挂于辕门之外。

杨修为人恃才放荡,数犯曹操之忌,杨修之死,植根于他的聪明才智。他本是一个绝顶聪明的人,而且才华横溢,但其才盖主,这就是犯了曹操的大忌。

事实上,任何人,要知道,只有摆脱骄傲,才有机会看清自己,看清别人,从而博采众家之长。为此,我们要克服骄傲自负的心理,就需要从以下几点努力:

1. 正确认识骄傲

自负这个词,并不是完全贬义的,适当的自负其实可以激发我们努力勤奋的斗志,坚定自己可以达到目标的信念,但是,自负又必须建立在客观现实的基础上,若脱离实际,那么,自负不但不能帮助人们成就事业,反而影响自己的生活、学习、工作和人际交往,严重的还会影响心理健康。

2. 敢于接受批评

骄傲自负者的致命弱点是不愿意改变自己的态度或接受别人的观点，接受批评即是针对这一特点提出的方法。它并不是让自负者完全服从于他人，只是要求他们能够接受别人的正确观点，通过接受别人的批评，改变过去固执己见、唯我独尊的形象。

3. 与人平等相处

骄傲自负者视自己为上帝，无论在观念上还是行动上都无理地要求别人服从自己。平等相处就是要求自负者以一个普通社会成员的身份与别人平等交往。

4. 提高自我认识

要全面的认识自我，就要采取辩证的态度看待自身，既要看到自己的优点和长处，又要看到自己的缺点和不足，既不可一叶障目，也不能妄自菲薄，觉得自己一无是处。同时，认识自我也不能脱离实际，而应该放在社会中去考察。另外，每个人生活在世上都有自己的独到之处，都有他人所不及的地方，同时又有不如人的地方，与人比较，不能总拿自己的长处与别人的不足比较而把别人看得毫无优点。

5. 要以发展的眼光看待自负

既要看到自己的过去，又要看到自己的现在和将来，辉煌的过去可能标志着你过去是个英雄，但它并不代表着现在，更不预示着将来。

大千世界,天外有天,人外有人,我们都不能太过自满,要知道,你的那点本事在高人面前只不过是一粒尘埃而已。老老实实做人,踏踏实实做事,才是一种可以称道的修养!

正视自己的缺憾,你就赢得了成功

"要战胜别人,首先须战胜自己。"这是智者的座右铭。有时候,打败我们的不是我们的敌人,不是挫折,而是我们自身,是我们不肯正视自己的缺憾和不足,一些人不愿意承认自己"不行",认为这是丢面子的行为,而如若抱着这样的思想,你已经失败了。"学无止境"的道理,无论是做人还是做事还是学习,都有很多需要我们改进的地方,我们也一定要带着自我审视的态度,发现并改正,才能逐步完善自我。

谭林在县城的一家汽车修理店打工,收入一般,勉强糊口,但是他的目标并不在此,他希望自己能拥有一份更好的工作。

一次,他打听到,省城正在招聘员工,他心想,可以前去试试。当时招聘信息上所写的面试日期是星期一,所以,他在前一天下午就到了县城。

晚饭后,一个人待在旅店里,他突然静下心来,开始想到很多事,很多过去经历的事像电影般在脑海中播放了一遍。突然间，他感到一种莫名的烦恼，他自认为自己头脑灵活、做事勤快，为什么到现在一事无成呢？

接下来，他从包里拿出来纸笔，然后写下了几个人的名字，这些人和自己年纪相仿、认识已久，关键是比自己优秀，其中两位曾是他的邻居，而如今却已经在省城买了房成了家，还有两位是他以前的老板。

他扪心自问：与这4个人相比，到底自己在哪方面不如他们？自己真的笨吗？倒不尽然，很长一段时间的反思后，他找到了问题的症结所在——自己性格情绪的缺陷。他承认，在这一方面，自己确实不如他们。

想着想着，时间过去，竟然已经到了凌晨的三点多了，他却愈发睡不着，他觉得这些年来，他第一次认清了自己，看到了自己致命的缺点：很多时候不能控制自己的情绪的缺陷，例如爱冲动、自卑，不能平等地与人交往等。

所以，他为这一问题检讨了自己一晚上，他才发现，自己是一个极不自信、妄自菲薄、不思进取、得过且过的人；他总是认为自己无法成功，也从不认为能够改变自己的性格缺陷。

最终，他下定决心，从那一刻开始，绝对不会再自贬身价，认为自己不如人了，只有先完善自己的性格缺陷，才有可能变得优秀。

第二天一大早，他抬头挺胸来到了这家公司，信心满满地前去面试，顺利地被录用了。在他看来，之所以能有这样一个工作机会,就是因为头一天晚上他做了自我检讨并认识到了自信的重要性。

工作的这两年里,谭林逐渐变成了一个受大家欢迎而且能力出众的人,大家都喜欢这样一个乐观、自信和积极热情的人,两年后,他加了薪水,又升了职,成了一个小有成就的人。

生活中,很多人像曾经的谭林一样,忙忙碌碌,日复一日,固定的生活模式成了一种必然,但成功却没有青睐他们,为什么会这样呢?之所以造成这种结果,很大一部分原因在于我们没有自我认识,找到并改正自己性格缺点,生活中的人们,你可能会觉得自己比他人聪明、学习能力比他人强,但你更应该将自己的注意力放在他人的强项上,只有这样,你才能看到自己的肤浅和无知,才会不断进步。

所以,我们每个人,在成就面前,都不要利令智昏,让虚荣心钻了空子。你需要记住的是,天外有天,人外有人,你会发现,你需要学习的还有很多。

美国有位牧师,第二天要去进行一次隆重的布道演讲,但踌躇再三,一直找不到合适的讲题,偏偏他的小孩又在边上捣乱。他就拿了一张世界地图,几下将它撕成碎片,交给小孩,说:"如果你能将这张地图拼好,我给你两块钱。"小孩高高兴兴地就拿过去了。牧师心想:这张地图够孩子忙上几个小时了,自己也正好准备一下演讲。岂料过了不到几分钟,小孩就兴高采烈地跑出来,说地图已经拼好。牧师接过一看,果然一张完整的世界地图又呈现在眼前，他奇怪地问："你怎么能这么快就拼好了呢？"小孩回答："地图反面是一张人头像，我把人头像拼好了，地图当然也就拼好了。"

从这个故事中，我们发现，人们常常有这样的思维模式，认为自己小有成就，自己的下属、晚辈肯定不如自己，但事实并不是如此，任何人身上都有值得我们学习的地方。

西奥多·罗斯福也曾说过："有一种品质可以使一个人在碌碌无为的平庸之辈中脱颖而出，这个品质不是天资，不是教育，也不是智商，而是自律。有了自律，一切皆有可能，无自律，则连最简单的目标都显得遥不可及。"任何一个人的才能，都不是凭空获得的，学习是唯一的途径。学习的过程，就是一个不断克服自我，控制自我的过程，只有首先战胜自己，摒除内在和外在的干扰，才能以全部的激情投入到对知识的汲取中。

第04章

他人的尊重，应该是用努力和成功赢来的

现实生活中，总有人抱怨人生不公平，抱怨自己境遇不佳，然而，当你问他为什么不拼一把的时候，他会说，没有勇气，怕失败，怕被嘲笑，怕丢了面子。其实，与其怨声载道，意志消沉，不如勇敢地面对人生，只有这样，才有飞翔的机会。要知道，平凡的人之所以没有大的成就，就是因为他太容易满足而不求进取，他一生只会盲目地工作，挣取足够温饱的薪金。不甘于优秀，超越优秀，成为卓越者，我们才是为自己争回了面子。

要为梦想勇敢前进

我们都知道,任何人想要获得成功,就要跳出现在的舒适圈,就要敢想敢做,向梦想进发,然而,在追逐梦想的过程中,一些人害怕被人嘲笑和看不起,比如从事的事业不起眼,或者害怕失败等,于是,在左思右想的情况下,他们放弃了,其实,许多我们害怕的事情难就难在走出第一步。第一步所需要的勇气、决心和力量,超过了事情本身的一切作为。

生活中渴望成功的人们,你需要明白的是,要想成功,你就要比别人承受得多一点,其中就包括要放下身段和面子。

很久以前,在一个偏僻的小山村里,有一对堂兄弟,他们年轻力壮,都雄心勃勃。他们渴望成功,希望有一天能够成为村里最富有的人。

一天,村里决定雇佣他们二人把附近河里的水运到村广场的水缸里去。这对他们来说真是一份美差,因为每提一桶水他们就能赚取一分钱,这在小镇来说是最好的工作了。两个人都抓起两只水桶奔向河边。

"我们的梦想实现了!"表哥杰克大声地叫着,"我们简直无法相信我们的好福气。"

但是表弟亨利不是非常确信。他的背又酸又痛,提那重重

第04章
他人的尊重，应该是用努力和成功赢来的

的大桶的手也起了泡。他害怕明天早上起来又要去工作。他发誓要想出更好的办法。

几经琢磨之后，表弟决定修一条管道将水从河里引到村里去。他把这个主意告诉了表哥，但是表哥觉得他们现在做着全镇最好的工作，不愿意花那么长的时间去修一条管道。

亨利并没有气馁，他每天用半天时间来提水，半天时间修管道，并且始终耐心地坚持着。

杰克和其他村民开始嘲笑亨利。杰克赚到比亨利多一倍的钱，炫耀他新买的东西。他买了一头驴，配上全新的皮鞍，拴在他新盖的二层楼旁。他买了亮闪闪的新衣服，在乡村饭店里吃可口的食物。村民们称他为布罗诺先生。当他坐在酒吧里，为人们买上几杯酒，而人们为他所讲的笑话开怀大笑。

当杰克晚间和周末睡在吊床上悠然自得时，亨利还在继续挖他的管道。头几个月，亨利的努力并没有多大进展。他工作很辛苦，比杰克的工作更辛苦，因为亨利晚上和周末都在工作。

一天天，一月月过去了。表弟亨利仍然没有放弃，完工的日期越来越近了。

在他休息的时候，亨利看到他的兄弟杰克在费力地运水。杰克比以前更加的驼背。由于长期劳累，步伐也变慢了。杰克很生气，闷闷不乐，为他自己一辈子运水而愤恨。

他开始花较少的时间在吊床上，却花很多的时间在酒吧里。当杰克进来时，酒吧的顾客都窃窃私语："提桶人杰克来了。"当镇上的醉汉模仿杰克驼背的姿势和拖着脚走路的样子时，他们咯咯大笑。杰克不再买酒给别人喝了，也不再讲笑话了。他宁愿独自坐在漆黑的角落里，被一大堆空瓶所包围。

最后，亨利的大日子终于来到了——管道完工了！村民们簇拥着来看水从管道中流入水槽里！现在村子源源不断地有新鲜水供应了。附近其他村子都搬到这条村来，村子顿时繁荣起来。

管道一完工，亨利不用再提水桶了。无论他是否工作，水源源不断地流入。他吃饭时，水在流入；他睡觉时，水在流入；当他周末去玩时，水在流入。流入村子的水越多，流入亨利口袋里的钱也越多。

管道人亨利的名气大了，人们称他为奇迹创造者。

人们常说，鱼与熊掌不可兼得。其实，做任何事情都是如此，想要日后达成目标，现在就要忍受痛苦。

同样，生活中的人们，也许你现在还站在平庸者的行列，被周围的人嘲笑，也许你受了很多痛苦，但无论你遇到什么，如果你内心有目标，就绝不可轻言放弃。

的确，成功是人们追求的永恒目标，但无论你选择什么目标，你都要有勇气，要勇往直前，在这条路上，你不但要拥有坚韧和耐心，还要做到放眼未来，有坚定必胜的信念，这样即便再苦、再累，也会勇敢地与困难拼搏，那么，就一定能有所成就。成功的人之所以能够成功，就是因为他们有坚忍不拔的毅力，能看到困境中的希望，并把失败化作无形的动力，最终反败为胜。

在追梦的过程中，生活中的人们请永远都不要放弃心中的希望，如果遇到困难，把困难当成人生的考验，不要在困难面前茫然退缩，更不要不知所措迷失自己，满怀希望地为着自己的梦想而努力，相信终有一天，你会走出低谷，走向光明。现实是美好的，但又是残酷的，关键在于面对困难，你是否具有韧性，能否坚持到底。

不要在意嘲笑，勇敢走自己的路

在追求人生梦想的路上，难免会遇到这样那样的困难，其中偶尔就有他人的嘲笑。比如，嘲笑我们的梦想太遥远，嘲笑我们能力不足等。谁都不想被人嘲笑，因为这太没面子了，但真正回击的方式不是辩驳，而是用实力说话，而这就需要我们有强大的内心和自信心。

从心理学角度说，信心可以决定一个人的成功与失败。一个人要想获得成功，就需要保持内心的自信，对于他人的嘲笑置之不理，这样我们才能走上通向成功的康庄大道。另外，对同一件事情，每个人的思维和行为方式都不一样，难免会造成不同的意见，如果我们的看法遭到了别人的挑衅或质疑，不要犹豫，更不要人云亦云地抛弃自己的梦想，而是保持绝对的自信，相信自己，并用实际行动向世人证明自己的能力。因为自信，会让我们拥有一张人生之旅永远的坐票。

一位成功人士讲述了自己的故事：

在他小学六年级的时候，由于考试得了第一名，老师送给他一本世界地图，他十分高兴，回到家就开始翻看这本世界地图。然而，很不幸的是，那天正好轮到他为家人烧洗澡水，他一边烧水，一边在洗澡间看地图。突然，他看到了一张埃及的地图，原来埃及有金字塔、尼罗河、法老王，还有许多神秘的东西，心想：长大以后一定要去埃及。他正看得入神的时候，爸爸走过来了，大声对他说："你在干什么？"他说："我在看地图。"爸爸跑过来给了他两个耳光，然后说："赶快生火！看什么埃及地图！"然后，父亲又踢了他一脚，严肃地对他说："我给你保证！你这辈子绝不可能到那么遥远的地方！赶快生火！"

他呆住了，心想：爸爸怎么给他这么奇怪的保证，真的吗？难道他这辈子真的不能去埃及吗？20年后，他第一次出国就去埃及，朋友都问他："你到埃及去干什么？"他说："因为我的生命不要被保证。"他自己跑到了埃及，当他坐在金字塔的最前面，他买了张明信片写给爸爸："亲爱的爸爸，我现在在埃及的金字塔前面给你写信，记得小时候，你打我两个耳光，踢我一脚，保证我不能到这么远的地方来。"

对于那些隐藏在内心深处的梦想，谁也不能给予保证，就连我们本人也不能保证，更别说其他人了。如果有人保证我们不能实现梦想，并对我们的梦想进行挑衅，那不过是他们表达意见的方式，对我们的梦想本身是毫无损伤的。我们依然可以相信自己，带着满满的自信，向自己的梦想前进，总有一天，我们会以实际行动告诉世界：自信，是让梦想腾飞的翅膀。

在生活中，对于自己的梦想或是目标，不管有多么虚无缥缈，多么的不切实际，都需要坚持到底，永远地相信自己一定能办到，一定可以实现这些目标。如果有人对我们的想法进行挑衅，也不要退缩，更不要随意更改自己的目标，有句话叫"走自己的路，让别人去说吧"，别人爱挑衅，对我们的言行进行冷嘲热讽，那是他们自己的事情，而我们只需要保持自信，就可以赢得最后的成功。

约翰是个典型的外向性格的人，他很勤奋，性格也开朗，但也是个沉稳的人。在获得企业管理的硕士学位后，他就在一家国际性的化学公司工作。因为学历不错，刚进公司，他就被安排在了管理层的职位上，这令很多人不满意，尤其是那些和他年纪相当的小伙子们，因为他们还在基层摸爬滚打，为了服众，约翰请求也从基层做起，这令上司很欣赏。

但约翰并不聪明，甚至是笨拙的，在很多业务问题上，他总是做得很慢。约翰的迟钝是明显的，为此，他的上司也开始为他着急："抓紧点，约翰，动作快一些！"

然而，约翰的速度似乎还是那么慢条斯理，永远都不着急。看到约翰蜗牛般的速度，人们开始不满，并用各种语言嘲笑他："如果约翰去当邮递员的话，那么，我们永远别指望收到东西了。"即使他们这样说，约翰也没有生气，也没有说任何话，而是还按照自己的进度工作、学习。

就这样，约翰来公司也已经半年了。此时，公司决定举行一场专业知识和业务能力考试，而第一名将会被选拔为公司储备干部。

令大家奇怪的是，平时少言寡语、工作速度缓慢的约翰却一举夺得了第一名，此时，他们才明白，做得多才是成功的硬道理。

故事中的约翰是个争气的职场新人，他做事作慢条斯理、不缓不慢，看似愚笨，甚至被对手嘲笑，但他并不生气，也不与之辩驳，而是拿行动来证明自己才是最优秀的，这是一种值得每个职场人学习的精神。

有时候，他人的嘲笑不仅仅动摇不了内心坚定的信念，反而会成为我们不断前进的推动力。因为不甘愿服输，不甘愿被人看不起，我们会努力证明自己，每次在坚持不下去的时候，就想想那些挑衅我们的人，我们就会更加坚定自己心中所想，保持绝对的自信，将当初那些不切实际的东西变成现实，以此来证明自己。

所以，在追求人生梦想的过程中，被人嘲笑，不要在意，更不要随意动摇自己的自信心，我们所需要做的就是毫无条件地相信自己，因为自信心也是一股巨大的力量，它会促进我们不断地前进，不断地完善自我，最后一举登上成功的宝座。

借钱发展事业，要放下身段和面子

生活中，我们总是强调做事要脚踏实地，但脚踏实地并不等同于故步自封，也并不是否定冒险的价值。事实上，我们也不难发现，那些成功致富的人，他们的"第一桶金"有时候不是赚来的，而是借来的，只靠自己一点一滴、日积月累挣钱发达的人少之又少，更多的人是因借钱而发财，其中的道理并不深奥，一块钱的买卖远远比不上一百块钱的买卖赚得多。

任何一个事业成功者都深知这样一个道理：要想使事业不断向前发展，就一定要在适当的时候扩展业务，否则就不能获得经济上的回报。由于扩展业务是需要一定资金的，此时，如果你认为摆在面前的是难得的机会，那么，即使是借钱，你也要发展事业。

世界著名的犹太家族，就有一条经商之道：向他人借钱是很平常的事。做生意，如果等你赚了钱以后再行动，那就需要等上很长一段时间，你的事业也很难有所发展，这会让对手更加得心应手，对自己一点好处也没有。这时，毫不犹豫地去借钱，正是一项绝对正确的决策。

那么，大多数情况下，人们为什么不愿借钱呢？其实很简单，怕丢面子，输了更丢面子，用借来的钱去闯荡，他们会感到不安，他们既想赢，又怕在冒险的世界里输，而输掉的钱又不是他们自身的，而是借来的，还得支付利息。为此，他们战战兢兢，最终选择了放弃眼前的机会。

事实上，无论是赚取财富，还是赢得人生，优秀的人在竞技中想的不是输了我会怎样，而是要成为胜利者我应该做什么。眼光长远，看到成功后的路，也许你就有了勇气。我们来看看石油大王洛克菲勒是怎么借钱的：

有一天，洛克菲勒被告知，他的炼油厂失火了，炼油厂失火，多么严重的事！洛克菲勒损失惨重，虽然他曾经为炼油厂买过保险，但即使要赔付保险金，也需要保险公司走完流程，这是需要一段时间的，而他又急需一笔钱解决重建炼油厂，他只得向银行借贷，然而，在与银行工作人员交涉的过程中，他遇到了极大的难题。

石油行业本身就是一个高风险行业，每个银行在为这一行业提供贷款时都是抱着一颗冒险的心的，再加上洛克菲勒的炼油厂刚刚又损失惨重，那些银行家们当然不愿意立即为洛克菲勒放贷了。

就在洛克菲勒束手无策时，有一个叫斯蒂尔曼的人出现

第 04 章
他人的尊重，应该是用努力和成功赢来的

了，他带着一名提着保险箱的职员出现在了会议室，他对其他几位董事说："听我说，先生们，洛克菲勒先生和他的合伙人都是非常优秀的年轻人。如果他们想借更多的钱，我恳请诸位要毫不犹豫地借给他们。如果你希望更保险一些，这就有，想拿多少就拿多少。"

洛克菲勒开心极了，他很庆幸自己用诚实征服了这些银行家。

正如洛克菲勒说的，诚实是一种方法，赢得信任，他人才会借钱帮你渡过难关。在洛克菲勒创业之初，他曾多次欠下巨债，甚至不惜把企业抵押给银行，结果是他成功了，他创造了令人震惊的成就。

然而，生活中，不少人在借钱这一问题上总是自命清高，羞于开口，或者扭扭捏捏，其实，这样反而让自己没面子。其实，能不能直接、坦诚地借钱，也是能不能放下身段的问题。而在成功者眼里，职业没有高低贵贱之分，能否赚钱才是最主要的。

我们知道，卡耐基在事业取得成就以后，收入相当丰厚，成了一位富翁。但是，他早年却经历了一段贫困潦倒的艰难岁月。有些时候，囊空如洗，不得不向人借钱渡过难关。

那么，卡耐基自己是如何向人开口借钱的呢？

卡耐基在读书时代，有一次交了学费之后，身上只剩下几毛钱。于是，他打算到外边工作赚取生活费。但是，他得先解决眼前的吃饭问题。于是他准备向同学借点钱。

"杰克，请借给我十美元吧。"他自自在在地说。

"戴尔，"杰克说，"真是对不起，这段时间我手头也不太宽裕，请原谅。"

双方都十分坦率，所以都不存在难为情的感觉。

"没关系，杰克。"卡耐基坦然地说，"我另想办法就行了。"

"戴尔，这样吧，"杰克又说，"汤姆好像有多的钱可以借，你不妨向他借借看吧。""好的，谢谢你，杰克！"

当卡耐基遇到汤姆的时候，说："汤姆，你能不能借给我十美元？"

"戴尔，"汤姆说，"真是抱歉。我本来可以有钱借给你的，不过今天正想买一辆自行车，也不知道买了之后能剩多少。"

"没关系，汤姆。"卡耐基大大方方地说。

"等我买了自行车后，如果有剩下的钱能够借给你的话，我就给你吧。"

"好的，谢谢你，汤姆。"

下午，汤姆走进卡耐基的宿舍，说："戴尔，我钱还剩下很多，你借十美元够用吗？"

"够了，谢谢你！"卡耐基说。

汤姆主动表示说："最好多一点方便些，借你十五美元好了。"

"不用了，汤姆。"卡耐基婉言谢绝，"十美元就行了，谢谢你的好意，汤姆。"

就大多数人而言,伸手向人借钱似乎是一件难堪的事。这主要是因为人们大多存在一种心理:缺钱是不体面的。于是很多人在向别人借钱时,都不好意思开口。对此,卡耐基说:"向人借钱应当直截了当地提出来,不必啰哩啰唆的解释这解释那的。对方愿意借的话,你不用多说他也会借给你;反之,说得再多也是白费口舌。你直接提出借钱,对方不答应,你只要说声'没关系'就行了,这并不会发生尴尬、下不了台之类的事;如果你先讲了一大堆借口,对方却依旧拒绝,这样反而使双方都可能陷于尴尬之中。"

总的来说,机会总是稍纵即逝的,如果你面前出现的机遇需要金钱的支撑,那么,借钱就是为你创造好运,当然,这需要你付出诚信,因为没有人愿意将金钱借给信誉不佳的人!

勇敢的人,才能有飞翔的机会

生活中,不少人渴望得到成功,渴望开创自己的事业,但每每考虑到会有失败的可能,他们就退缩了。因为他们怕被扣上愚昧的帽子,怕遇到别人取笑;他们不敢否认,因为害怕自己的判断失误;他们不敢向别人伸出援手,因为害怕一旦出了事情而被牵连;他们不敢暴露自己的感情,因为害怕自己被别人看穿;他们不敢爱,因为害怕要冒不被爱的风险;他们不敢尝试，因为要冒着失败的风险；他们不敢希望什么，因为他们怕失望……这种可能会遇到的风险，让那些不自信的人畏首畏尾，举步维艰，他们茫然四顾，不知道自己的出路在何方，殊不知，人生中最大的冒险就是不冒险，畏首畏尾只会让自己的人生不断倒退。

卡洛斯·桑塔纳是美国著名的音乐艺术家，他出生在墨西哥，17岁随父母移居美国。

卡洛斯自幼随父学艺，很喜欢音乐，歌唱得很不错，在读书时，在班里举办的歌唱大赛中，他就开始展露他的音乐天分了。

有一次，学校要举办年级歌手大赛，校方通知学生可以自由报名，但是卡洛斯没有勇气去报名，他怕别人嘲笑他，原本他已经走到报名的办公室，但还是没有勇气敲门。

就在离报名截止日期还有两天时，他的音乐老师克努森问他："卡洛斯，为什么你不去报名呢？难道你没看到报名通知吗？"

"呃，克努森先生，您知道，我成绩不好，哎……"

"是的，我看到了，你来学校之后的成绩，除了'及格'就是'不及格'，真是太糟了。但是你的音乐成绩却很多优，我看得出来你是个音乐天才。为什么不去报名，让别人看到你优秀的一面呢？"

随后，克努森老师语重心长地对卡洛斯说："孩子，千万要记住老师的一句话：不管你做什么，都要拿出勇气来，幸运女神的门只为有勇气的人敞开着。"

老师的话给了卡洛斯极大的信心，他勇敢地走向那间办公室报了名，在比赛中用他那美妙的歌喉征服了全校的老师和同学，一举夺得年级第一名的好成绩。

由于这次夺魁，卡洛斯对自己信心倍增。在他以后从艺的道路上，无论遇到什么困难，他都毫不退缩，奋勇向前。付出终有收获，2000年，52岁的卡洛斯·桑塔纳成为了第42届格莱美颁奖舞台上最大的赢家，独揽了包括含金量最高的格莱美年度专辑奖与年度歌曲奖，至此，他共获得了8次格莱美音乐大奖，是首位步入"拉丁音乐名人堂"的摇滚音乐家。

领奖台上，卡洛斯做了一次简短的演说，述说了他对音乐的热爱，并着重强调了一点："幸运女神之门只为有勇气的人敞开着，没有足够的勇气，我就不会站在这个舞台上！"

认准目标，勇往直前，是一切有识者的成功经验。敢是一种胜利，不敢就是一种失败。因为敢，你离成功很近；因为不敢，你在远离风险的同时，也会错过成功的机会，造成终生遗憾。想成为一个名副其实的赢家，你就应该大声地对懦弱和"不敢"说不。

有人说，我们大部分人的人生就像是被敌人的包围圈团团包围，而作为被围困起来的困兽，我们是束手就范，还是努力从包围圈中打破缺口，从而取得突围呢？其实，只要我们敢于突破，敢于寻找梦想，做到不断提升和完善自己，就可以用自己的坚强和努力突破困境。

事实上，"勇敢"是我们必不可少的品质。要取得成就有很多必要条件，其中的一条非常重要，那就是：勇气。然而，不得不承认的是，作为一个平凡的人，我们也都害怕失败，渴望成功，于是，人们在执行自己的目标与想法前，也可能会产生各种顾虑，都会迟疑不定，而实际上，正是因为迟疑，会导致你开始恐惧、左思右想，最终被恐惧扰乱心境而不敢执行。在任何一个领域里，不努力去行动的人，就不会获得成功。

每个人都在渴望着成功，然而成功并不是一条风和日丽的坦途，它需要你有一种披荆斩棘和承受厄运的勇气。勇敢的人面前才有路，是否敢于拿出一点点勇气，往往成为成功者与失败者的分水岭。很多时候，成功的门都是虚掩着的，勇敢地去叩开成功之门，才能探寻出个究竟来。那时，呈现在眼前的真的将是一片崭新的天地。

席巴·史密斯曾说："许多天才因缺乏勇气而在这世界消失。每天，默默无闻的人们被送入坟墓，他们由于胆怯，从未尝试着努力过；他们若能接受诱导起步，就很有可能功成名就。"任何人，一旦甘于平淡和默默无闻，那么其结果也就是平淡。哀莫大于心死，只有积极进取，才能勇于尝试。

当然，我们还应该注意的是，勇气常常是盲目的，因为它没有看见隐伏在暗中的危险与困难，因此，勇气不利于思考，但却有利于实干。所以，林肯说："对于有勇无谋的人，只能让他们做帮手,而绝不能当领袖。"

总之,敢于走在人前的人是有勇气的,但敢于冒险并不等于有勇无谋,有道是:"富贵险中求,成功细中取"。冒险绝不等于蛮干,它是建立在正确的思考与对事物的理性分析之上的。

悲伤毫无意义,不如坚持走下去

曾经有位哲人说过,生活与生命的意义,并不在于你要经受多少折磨,也不在于你已经经受过多少折磨,而在于坚持不懈。经受挫折和磨炼是射击,瞄准成功的机会也是射击,但是只有经历了99颗子弹的铺垫,才会有一枪击中靶心的结果,这就是个等待的结果。

如今,看到充满自信的亨利,你一定很难想象他曾经是一个自卑怯懦的人。当你看到亨利作为资深律师在法庭上慷慨陈词时,你更无法想象他曾经患有严重的口吃。

亨利出生在一个贫穷的家庭,他的父亲是个裁缝,靠着给富人做衣服才能勉强维持生计。他的母亲是个洗衣工,专门给有钱人家洗衣服,缝缝补补。每到寒冷的冬天,亨利为了帮助家里节约开支,不得不挎着一个破破烂烂的篮子,四处寻找散落的煤块。为此,亨利感到很难为情,他最害怕的就是被同学们看到,遭到同学们的嘲笑。

有一天，正当亨利专心致志地找零散的煤块时，成群结队的同学们看到了他，全都无情地嘲笑他。亨利觉得难堪极了，惊慌之中甚至丢掉了破篮子，一个人不顾一切、泪流满面地跑回家。从此之后，他更加自卑、沉默，生活之于他，似乎像黑漆漆的煤块一样黯淡无光。一个偶然的机会，亨利读到了一本关于奋斗的书。书中的主人公虽然历经艰辛，备受生活的折磨，却从未放弃希望，一直坚持到坚强地经历完人生的所有不幸。亨利对主人公的遭遇感同身受，甚至想到了自己。他暗暗想道，假如自己也能够这样坚强勇敢，人生一定也会变得与众不同。从此之后，亨利暗暗发誓一定要昂首挺胸，不再畏缩。在又一次提着篮子去给家里捡煤块时，亨利又遇到了那些嘲笑他的同学们。这次，他没有仓皇而逃，而是迎着他们勇敢地走上去。就这样，亨利成功了，他打败了那些孩子们，也找回了自己的尊严。从此之后，亨利奋发苦读，一鼓作气，在战胜内心恐惧的同时，也彻底改变了自己命运的轨迹。

亨利是个穷苦人家的孩子，这样的孩子因为从小就遭到他人的嘲笑挖苦和讽刺，因而总是有些胆小怯懦，甚至非常自卑。幸好，他读到了一本能够启迪他心智的书，才能够破釜沉舟，为了自己的命运奋力一搏。他战胜了内心的恐惧，也赢得了成功的人生。

朋友们，人生路上，无论做什么事，烦躁的情绪谁都会有，想放弃的想法也一样。但是这些焦虑及悲伤的情绪对我们来说并没有什么好处，如果你总是沉浸其中，那便没什么成功可言。一切都会过去的，只要你勇于坚持。坚持，是战胜一切的强大力量，如果你用心坚持下去，那些伤心的、失望的、暴躁的事情都会烟消云散的。

我们都知道这样一句话："坚持就是胜利。"面对挫折轻易放弃，不仅让你的精力与投入付诸东流，久而久之，你也会产生这样一种心态：面前的就是困难的，困难是我无法克服的。长此以往，你不敢面对任何问题，心理素质越来越差。所以说，想要保持积极向上的情绪，请一定不要在困难面前颓废，学会坚持，用实力去解决问题。

坚持，说容易也容易，说难也难，这就要看你怎么对待了。世间的道理大多相同，一个人要想获得成功，万不可处处投机取巧，因为事事皆需努力，踏实的脚印才能走的更坚硬，才可能实现人生的飞跃，获得人生的辉煌。

懂得坚持，才不会产生自暴自弃的坏脾气，懂得坚持才会修炼自己的好品格。

1. 放弃时，想想之前的付出

当你不想坚持时，可曾想过流过的汗水、血水，这一切的积累你甘心就这样都舍弃了？你的积累足够了吗？你的准备到位了吗？量变才能质变，如果你只是看似准备了很多、积累了很久，还没有发生你所期待的变化，切勿放弃，能否再多准备一些、再多积累一点呢？

2.学会忍耐,在生活中历练自己

无论我们现在是一个默默无闻的小职员,还是一个不甘于当下环境的"三分钟"工作者,如果想真正改变自己,那我们就必须学会暂时地忍耐,忍耐环境对我们的磨炼和对我们的考验。既然选择了,就不要轻易放弃,否则我们将永远一事无成。到时候,你的一事无成会让你颓废不堪,你的心情也会越来越差。

3.培养做事习惯,坚持有始有终

许多人有一种把工作做一会儿,就放在一边的习惯。而且他们充分相信,他们似乎已经完成了什么。事实果真如此吗?你这样做,犹如足球运动员在临门一脚的刹那收回了脚,前功尽弃,白白浪费力气。

一个能够经受住磨难的人,定会成为一名强者。困境不能完全成就一个人,但有所成就的人定是在困境中走到最后的人。朋友们,你还想中途终止你的梦想吗?请坚持下去吧,要记住,身体和灵魂一定要在路上前行。

第05章

放下面子，合理地拒绝是对自己的保护

日常工作和生活中，对于他人的请求，在我们能力范围内的事，我们施以援手理所应当，但是如果来者不拒，将会给自己带来很多困扰。为此，我们都要懂得拒绝的必要性，然而，要学会拒绝的第一步，就是要放下面子，你什么都不好意思，哪里有勇气拒绝别人，事实上，很多时候，我们拒绝他人也是保护自己的一种方式。

来者不拒，不过是虚荣心理在作怪

确实，对很多人而言，要想说出"不"，简直比登天还难。在日常交际中，对同事、同学或朋友这些人的要求，很多人都有一个说不出"不"的心理。有时候甚至宁愿自己吃亏也不拒绝，这个是许多中国人的面子心理——不好意思拒绝。拒绝是一门学问，有些时候，我们本来想拒绝的，心里已经很不乐意了，不过却点了点头，碍于一时的情面，却给自己留下许久的委屈。所以，懂得拒绝至关重要，有利于提高我们的工作效率和生活质量。

因为不好意思拒绝，所以总会有接踵而来的请求，成了人群中熟知的"老好人"。所谓的老好人，就是不管别人提的什么要求，哪怕是极其不合理的，也总是照单全收，努力去完成对方的请求。当然，有些人在做"好人"的时候，是随时随地、任何时刻都不会拒绝别人的要求，无底线、无原则，哪怕超出自己的能力范围之外的事情，也总是应承下来。如果真的是这样，那老好人的内心注定是痛苦的，而且形成了一贯的心理定势：我对每个人那么好，他们才不会讨厌我，才会喜欢我。

一位老王曾经批评过的下属，在过春节时与老王碰到了。当时，下属买了几斤羊肉和几斤羊骨头，他看到老王后，马上

第05章
放下面子，合理地拒绝是对自己的保护

跑过来说："这几斤羊骨头是我最喜欢煲汤喝的，今天送给你，作为我的春节拜年礼。"老王马上接着下属的话茬说："这羊骨头既然是你最喜欢的，送给我实在太可惜了，还是你自己留着吧。"

老王这种顺水推舟的拒绝，显得非常有涵养，一方面达到了断然拒绝的目的，又不至于伤害对方的面子。当然，如果你实在不好意思拒绝，首先要微笑不语。在日常生活中，当对方向你提出某种不合理的要求时，你想拒绝又一时说不出理由，如果直接说"不"，估计对方一时接受不了。假如不拒绝了，又使自己难为情。在这样的情况下，说"行"也不行，说"不行"也不行。那么就以微笑来应对这个问题吧，当对方把不合理的要求说完以后，回报给对方一个微笑。这个微笑，一方面可以缓和紧张的情绪，不至于对方难堪，又可以使自己免去因言语不周而导致的许多麻烦。

那么，如何让自己做到好意思拒绝呢？

1. 找出无法拒绝的原因

如果你没办法拒绝别人，那原因是什么呢？这需要从源头上找解决办法。你是想全方面地展现自己的能力吗？还是想争取这次机会？又或者是不想别人抢去自己的功劳？如果这些都不是理由，那应该是心理方面的原因。其实自己很想拒绝，却实在找不到很好的借口？尽管理由很充分，但自己脸皮太薄不好意思说出口？找到了原因，自然可以对症下药。

2. 适时考虑到自己

有的人做事很少考虑到自己的利益，总会想到别人的需要，这就是出发点的问题。如果我们在拒绝时，也可以每件事都以自己的利益为出发点，在这样的基础上再去考虑其他人的感受，那自己就有足够的勇气去拒绝，甚至提出自己的要求。

3. 对方自己就可以解决问题

有的人之所以会答应对方的请求，是因为他会以为对方确实没有能力解决这个事情，所以才向自己求助，无形之中夸大自己的能力。事实上，我们应该考虑，对方也有一定的能力，他只是不想自己去做而已。所以，我们在拒绝时，要相信对方能把事情做好，然后将自己的想法告诉他。

4. 为了健康也要把"不"说出口

不懂拒绝，长时间下去会给自己身体带来很大的伤害。毕竟长时间违背自己内心的愿望，总去做一些言不由衷的事情，无形的压力会累积在心里，并产生一定的情绪效应。比如在公司总是无原则地答应老板安排的事情，回家之后就将气撒在家人身上。如果没通过合理渠道发泄这些不良情绪，那整个人就会变得沮丧、焦躁不安。所以，为了自己的健康，要善于拒绝。

5. 索取应有的报酬

如果实在无法拒绝，那就必须有权利意识，在不好意思拒绝的同时，索取应有的报酬。比如，有的职场新人在工作中承包了所有的工作，承担了所有的大事小事，而且做得很好，却没办法得到应有的回报，这时可以主动向上司提出加薪的要求，或者拒绝自己分内之外的工作。

在日常交际中，只要有人与人的交往，就会有拒绝的言辞。我们作为社会的主体，应该把握自己的内心界限，在该拒绝时一定要拒绝，不要考虑太多，也不要总觉得自己生来就是应该为人服务的命，想想自己的感受，把拒绝的话自然说出口，自己可以轻松很多。人情是自然存在的，只要我们能够合情合理地说出自己的想法，想必对方也会体谅，这根本不会影响到彼此之间的关系。假如对方真的因为一个拒绝而讨厌你，不愿意与你继续保持友好的人际交往，那这样的朋友也是不值得交往的。

好人缘，不一定要做"好好先生"

生活中，我们发现有这样一些人，他们凡事迁就别人，对于别人的要求是有求必应，我们称之为"好好先生"。到底"好好先生"是否真的那么好呢？实际上不然，他们情愿自己不方便，也不想麻烦别人；自己牺牲，叫别人有所得；自己让步，叫别人保住面子。他的面子全靠别人的"同意"和"称赞"来支撑。而实际上，你来者不拒的行为不但不能为你迎来好人缘，为你争回面子，还会成为别人"欺负"你的筹码。

小江大学一毕业就进入现在的公司就职。由于是新人，小江时刻提醒自己：虚心学习，低调做人。为了尽快与同事"打成一片"，搞好人际关系，小江对于同事提出的请求几乎没有拒绝过，有时还主动为别人分担工作。

然而小江没想到的是，她无意间的一次拒绝，竟然让她的努力功亏一篑。有一天，一位女同事因为相亲，希望小江能替她代班。不巧小江那天也有事就拒绝了她。本以为此事就此作罢，哪成想在后来的工作中这个同事明显开始冷落她，孤立她，甚至背后议论她，说她"领导的要求就有求必应，同事的请求就摇头拒绝"。小江很委屈也很气愤。

可见，与人友好相处没错，但绝不可做老好人。老好人做得最多，到最后最容易被淘汰。只有一个有主见、有思想的人，才能取得最终的成功。

我们不得不承认的是，我们都是生活在一定的社会和集体中的，都会有求于人。因此，在时间充裕、我们能力足够的情况下，我们还是应对他人伸出援助之手的。但不少时候，有些人提出的请求是过分的，或者是超出我们时间预算和能力之外的，那么，我们就要懂得拒绝的必要性。我们不难发现，生活中有一些人，他们毫无心眼，对别人总是有求必应，久而久之，别人就把他当成了可以随便吩咐的"软柿子"。

不知你是否曾经有这样的体验，你似乎总是不愿意拒绝那些对我们示弱的人的请求，因为他们让你感到弱小，从而激发起自己内心的同情和保护的欲望，而如果你拒绝，就好像失了面子，这也是人们的普遍心理。而事后，你又发现，你似乎变得越来越忙了，到最后，真正你想做的事却并没有最好，甚至还会因为偶尔一次的拒绝得罪人。

因此，善于拒绝，是我们任何人都要学会的一种自我保护的方式。

村里有一个人向老唐借一间房子给他放玉米，本来，房子给别人去放玉米，很快就会把房子搞坏。当时，老唐为了不使这个人扫兴，便含蓄地对他说："我这间房子的地板已经坏了，玉米放在上面，会发霉变质的。到时候，我把地板弄好了再说吧。"这样，就委婉地把这件事给拒绝了。

善于拒绝，是日常交际的一种生存技巧。不拒绝，不仅会耽误自己的时间与精力，而且还会影响到自己的生活和工作，更有甚者会直接损害自己的身体健康。再者，不拒绝的后果会使自己长时间处于一个痛苦的心理状态中。而懂得拒绝，首先获得了一个身心放松的机会。拒绝之后，你可以把更多的时间和精力用来放在自己的事情上，以获取生活与事业的成功。

我们要懂得拒绝就要做到以下几点：

1. 明确及时地讲出你的理由

拒绝他人的帮助并不是什么见不得人的事情，实在无法答应别人的要求的时候，一定要用比较明确的语气来告诉他："实在对不起，在这件事情上我实在是帮不了您的忙，您还是想一下别的办法吧",一般来说,当别人了解到你的困难之后,就不会再做乞求之类的无用功。这样,就为对方寻找其他的方法提供了时间,同时也不会给自己带来烦恼。

如果拒绝对方的时候含糊其辞,对方就无法明白你的真实意思,还会对你抱有希望,把你当成救命的稻草,从而在以后继续向你求助,搞得你左右为难。这样做,既耽误了别人的时间,同时也给自己带来麻烦。

2. 委婉地讲出理由明确地表示拒绝

我们讲的明确地讲出理由,拒绝对方,并不是说要用比较严肃呆板的话来拒绝别人,如果用一些颇具杀伤力的语言来拒绝对方的话,就会激怒别人。一般情况下,在一个人表示求助的时候,他的心里总是很敏感的,能够从比较委婉的话里听出拒绝的意思,那么他就会很识趣地离开,不再去打扰你。在我们委婉地提出个人的理由时,一定要注意,委婉并不是模糊,千万不能给对方留下一丝希望的余地。只有这样,才不会给双方带来伤害。

3. 态度一定要真诚

在拒绝别人求助的时候,一定要注意态度的真诚。当你向对方陈述个人理由的时候,失去了真诚的态度,就会让对方觉得你对他是不屑一顾的,所有的理由不过是借口罢了。只有坦诚相告,才会让对方将心比心,设身处地地去考虑你的为难。

学会说"不",同情心泛滥容易被人利用

生活中,有这样一些人,他们心地善良,对别人的要求总是有求必应,他们情愿自己受委屈,情愿自己牺牲,也要满足别人;当自己有困难的时候,也从不求助于他人;他们宁愿背地里哭泣,也要把欢笑留给别人;如果有人不同意,他会立刻觉得自己的看法是错的。总之,他们最大的特点就是讨好别人,愉悦别人。表面上看,他们是别人眼中的好人,但其实,他们是同情心泛滥,他们害怕因为拒绝别人而影响自己和他人之间的关系,抱着这样的心态,他们对人毫无防备,对于别人的请求更是来者不拒,到最后才发现,原来别人是挖好了"陷阱"让他们跳,悔之晚矣。

因此,身为一个社会人,我们必须要记住的是,对他人心怀善意是好事,但同情心泛滥就可能会使我们陷入困境之中,所以我们要学会拒绝。

大学一毕业,丹丹就进了现在的这家外贸公司。进公司前,很多朋友包括父母都一再地提醒她,做事一定要勤快,对同事要热情,对前辈更要尊重。丹丹深知自己是经过层层选拔进公司的,对这份工作非常珍惜,因此,父母和朋友的话自然"照单全收"了,她下决心要努力做好。

初来乍到的她,对一切都充满好奇,同时也牢记长辈们的叮咛。丹丹从小就性格懦弱、脾气好。只要同事们说几句软

话，她都有求必应，"我要去接孩子，真的麻烦你了，""我今天身体不大舒服，你能帮我值班吗？"于是，丹丹就慢慢地成了办公室的值班专业户，另外，一些杂活儿，比如，复印文件、搜查资料、买饮料、叫快递……都被丹丹包了，每天她就在这样的杂事堆里忙碌着。而一直以来，丹丹的待遇还是实习生的标准，后来几次，她尝试着拒绝同事，但同事们的怨言就来了，更有人说她心计重，与刚来的时候不一样了。

同事们的怨言让丹丹很郁闷，好像自己就应该被他们差遣似的。现状让她非常失望，更不知道该如何改变别人已形成的看法，给自己一个转变的空间。她在那里工作了一年半后，不得不提出了辞职，另谋出路。

从丹丹的职场遭遇中，年轻人，你要明白，在职场这个复杂的环境里，最好还是不要做"滥好人"，一旦你成了滥好人，你只有逆来顺受的接受同事的所有要求，成为办公室的勤杂工，你要想改变这种现状的唯一办法就是：辞职、另谋出路，这也是丹丹后来的选择。

从丹丹的经历中，我们得出一点结论，与人打交道，即使你心地善良，也要收起泛滥的同情心，只有学会拒绝别人，才能有效地保护自己。可能你会产生疑问，如何拒绝才能不伤害彼此感情呢？其实，学会拒绝，并不是一件难事。

美国幽默作家比林曾说过："一生中的麻烦有一半是由于太快说'是'，太慢说'不'造成的。"这就是著名的比林定律。这一定律告诉生活中的每个人,在与人沟通中,要懂得拒绝别人,一旦因为碍于情面而答应他人,很容易让自己陷入被动的境地。

世界著名影星索菲娅·罗兰在她的《生活与爱情》一书中,曾记下查理·卓别林与她最后一次见面时,赠送给她的一句忠告:"你必须学会说'不'。索菲娅,你不会说'不',这是个严重的缺陷。我也很难说出口。但我一旦学会说'不',生活就变得好过多了。"要想在社交活动中取得成功,学会拒绝是必不可少的。

其实,拒绝别人或被别人拒绝,是我们每个人一生中每天都可能经历的事情。这是人生中的非常真实的一面,谁都会遇到这样的经历,朋友、同事,甚至领导来找你帮忙,但有时他们所提出的要求是你没有能力或不愿意去做的,此时,我们就要学会拒绝他们的请求。当然,拒绝绝非简单地说"不行",而要阐明不行的理由,让对方知道你的难处,从而理解你。这样你才不会因为拒绝对方而得罪对方,不至于影响你们之间的交情。

总之,我们需要记住的是,防人之心不可无,有些事情,你拒绝了,你就远离了危险;你接受了,你可能就给自己埋下了祸端。因此,为了保护自己,你必须懂得拒绝别人。

过分的请求，要果断拒绝

生活中，我们经常会遇到这样一些进退两难的境地：你的朋友在派对中给你一杯酒并游说你去尝试，而你对酒十分反感，你是拒绝还是接受？当你的朋友邀请你和他一起去唱卡拉OK，但你认为那种场所品流复杂，且你一向歌喉平平，你是接受还是拒绝？你的同事向你借钱，他承认会尽快还，但你知道，他从来都是有借无还，你是接受还是拒绝……

我们心底的声音告诉我们的是：拒绝。但碍于情面，却不知如何拒绝。习惯于中庸之道的中国人，在拒绝别人时很容易发生一些心理障碍，这是传统观念的影响，同时，也与当今社会某些从众心理有关。不敢和不善于拒绝别人的人，往往得戴着"假面具"生活，活得很累，而又丢失了自我，事后常常后悔不迭；但又因为难于摆脱这种"无力拒绝症"而自责、自卑。

实际上，有些人在选择拒绝时，也并未取得良好的效果。那么，怎样拒绝而不使人难堪，让人有台阶可下，需要有一定技巧。此时你应该尽可能地以最为友好热情的方式表示拒绝，让对方明白你是同情他的，而且要做到对事不对人，并要注意既表达了意思又不失委婉。

张敏在民航售票处担任售票员工作。每年，一到春运期间，前来订票的人就格外多，但作为售票员的她必须遵循公司的各项规定。于是，每每拒绝订票的顾客，她总是怀着非常同

第05章
放下面子，合理地拒绝是对自己的保护

情的心情对旅客说："我知道你们非常需要坐飞机，从感情上说我也十分愿意为你们效劳，使你们如愿以偿，但票已订完了，实在无能为力，欢迎你们下次再来乘坐我们的飞机。"张敏的一番话，叫旅客们再也提不出意见来了。

张敏的做法就是正确的，巧妙、委婉地拒绝了旅客们的请求，为自己免除了不必要的很多麻烦。

我们再来看一则真实的故事：

陈鹏是一名部门主管，当初公司把他调到这个部门的时候，他就不大乐意，因为他早有耳闻，这个部门的前任主管在管理团队的时候，喜欢事必躬亲，什么都为手下安排得妥妥当当，喜欢当老好人，部门大事小事总是一把抓，这导致了此部门员工没有得到很好的工作历练，因此，他们在公司所有部门员工中是能力最低的。但既然公司已经下达了指令，陈平只好硬着头皮上了，他也有志于改善部门状况。

刚来报道的第一天，秘书小林就对陈鹏说："主管，我之前没有做过这类的报表，你帮我做一下吧。"听到这话，陈鹏觉得很诧异，做报表在公司一直都是秘书的本职工作，小林的请求实在是太过分了，他很生气，但一想到，要是第一次就这么严厉地对待员工的请求，势必会让自己在下属中留下不好的印象，因此，想了想之后，他对小林说："不好意思啊，今天我刚来，事情太多了，等忙完这周的话，你再把数据表拿来。"

一听到陈鹏这么说，小林心想，这份报表周五前必须要交到公司财务部,哪里还等得到下周?于是,她只好自己去处理了。

这招果然奏效,后来,陈鹏用同样的方法拒绝了很多下属们的请求。

案例中的主管陈鹏可谓是一片苦心,为了让下属能尽快成长起来,他觉得让下属自己动手更有积极的意义,于是,面对秘书的工作求助,他采取了拖延的策略加以拒绝。这种心理策略很简单,对于你不想答应的请求,你完全用不着下决定,用不着点头或者摇头,而只是让来请求你的人迟些再来。例如,你可以说:"我的任务现在排的满满的,你能不能两个礼拜以后再来找我?"如果这个人不错的话,他会把两星期后再来找你这件事加进自己的备忘录里。要是这人不地道,他们肯定早把你忘了。有的时候如果你连着拖延了两回,那个人就会放弃了。

以上两种拒绝的方法都值得我们在生活中加以灵活运用。那么,从总体上来说,我们应该怎样说好这个"不"呢?

1. 不要随便地拒绝

随随便便拒绝,会让对方觉得你并不是爱莫能助,而是根本不重视他,容易造成彼此间的误解。

2. 不要当即拒绝

当对方提出要求后立即拒绝,会让对方觉得你冷酷无情,会对你产生成见。

3. 不要傲慢地拒绝

试想，当别人有求于你的时候，你却一副盛气凌人、态度傲慢不恭的架势，对方会作何感想？

4. 不要说话毫无余地地拒绝

也就是说，在拒绝的时候不要表情冷漠，语气严峻，毫无通融的余地，会令人很难堪，甚至反目成仇。

5. 不要轻易地拒绝

有时候轻易地拒绝别人，会失去许多帮助别人、获得友谊的机会。

6. 不要盛怒下拒绝

盛怒之下拒绝别人，容易在语言上伤害别人，让人觉得你一点同情心都没有。

7. 要有笑容的拒绝

拒绝的时候，要能面带微笑，态度要庄重，让别人感受到你对他们的尊重、礼貌，就算被你拒绝了，也能欣然接受。

8. 要能婉转地拒绝

真正有不得已的苦衷时，如能委婉地说明，以婉转的态度拒绝，别人还是会感动于你的诚恳。

9. 要有代替的拒绝

你跟我要求的这一点我帮不上忙，我用另外一个方法来帮助你，这样一来，他还是会很感谢你的。

10. 要有帮助的拒绝

也就是说你虽然拒绝了,但却在其他方面给他一些帮助,这是一种慈悲而有智能的拒绝。

11. 要有出路的拒绝

拒绝的同时,如果能提供其他的方法,帮他想出另外一条出路,实际上还是帮了他的忙。

学会委婉的拒绝吧,让别人感受到你的真诚,即使你在拒绝对方。"路遥知马力,日久见人心。"倘若有双方互相尊重的前提,委婉的拒绝反而能促进思想的沟通和理解的加深,打造坚固的人缘关系。

你不好意思拒绝,容易被人当成"软柿子"

生活中,我们都知道,无论是商业合作还是职场工作,都需要与人分享合作,为人慷慨大方,才能获得大家的支持。然而,任何事情都需要讲究一个"度"字。我们发现,有这样一些人,他们是大家眼中的老好人,他们总是充当着照顾别人的角色,因为他们不敢拒绝别人,但最终,他们却伤害了自己。

我们都要懂得,无论处于什么样的位置,扮演什么样的角色,每个人都有自己的职责和义务,你来者不拒、对于他人的求助都大包大揽,那么,最终,你只能令自己事事处于被动,有可能你永远会成为别人支配的对象,你永远只会听到这样的话语"某某,给我拿份文件""某某,给我倒杯茶",等等,即便你内心满腹的不情愿,但只要你不懂得拒绝,那就只有咬牙坚持下去,直到把所有的事情都做完,当你没来得及松口气的时候,下一个你难以拒绝的请求又会出现了。长此以往,会让你整个工作和生活都充满着一种被动的状态,你只能等待着被要求去做什么,而你自己是难以决定自己想做什么的。不懂拒绝的人,虽然给人的外在形象是一个"老好人",但久而久之,他们会被大家当成"软柿子",大家会习惯他们的帮助,习惯什么事都找他们,那么,此时该怎么办呢?

在一家大型的广告公司里,有一个勤快的姑娘,大家都叫她小王,小王头脑聪明,热情助人,刚刚进入公司的时候,她就下定决心要从最基层做起,要成为所有人的好朋友。所以,公司里的事情,属于自己分内的,她会努力做好,不属于自己分内的,只要有人喊自己帮忙,她也会努力做好,慢慢地,她在同事之间赢得了一个"热心肠"的绰号。

小王感到十分满意,但是过了一段时间以后,她才发现:有些事情,同事原本是自己可以做的,但他们总是让自己去帮忙,有些人的态度很随意,似乎吩咐小王是一件理所当然的事情,帮忙之后,最后连"谢谢"都懒得说,似乎让小王帮忙是给了自己很大的面子。甚至有的人,还将自己手头的工作交给小王去做,而自己竟然去做私活。

小王虽然心里不高兴，但又不好意思拒绝，更关键的是不懂得拒绝，结果被那些事情弄得乱七八糟，整天忙得脚不沾地，工作非常被动，而且自己的工作还经常出现小错误。小王感到很烦恼：自己热心帮助同事有错吗？为什么会让自己变得这样被动呢？

案例中，小王热心帮助同事并没有错，错在于她来者不拒，不懂拒绝。工作中，当朋友遇到了不能解决的问题，你出手帮助是应该的，但帮助同事也应该有个度，你首先需要保证自己的工作已经做好，当你自己的工作都还是一团糟，那你有什么能力去帮助别人呢？即便自己的工作已经做得很好了，面对他人提出的要求，自己也应该权衡一下，是否该帮忙，对于应该帮忙的，需要马上动手；而不应该帮忙的，则要懂得拒绝，这样才不至于走到像小王这样被动的地位。

诚然，我们都希望能和周围的人搞好关系，当他人需要我们帮助时，我们绝不能袖手旁观，但这并不意味着对于他人的任何要求，我们都要答应。因为你来者不拒，你就会变成被大家摆布的当成"软柿子"。

然而，可能你是一个生来不会拒绝他人的人，你会认为拒绝他人会被大家认为是不友好的表现，你认为拒绝他人很没面子。的确，说"不"很困难，但是这个"不"字却很重要，不会拒绝他人的人，似乎总活在别人的世界里，他们是难以有所成就的，甚至有可能会掉进别人精心设计的陷阱里。比如，贪官在落马之后总会说自己收钱不仅是受贿，而是"我这个人脸皮薄，人家一再坚持给，我就不好意思推辞"，也许他是在为自己的贪欲找借口，也有可能是真的不懂得拒绝，但结果是被动之下成为了罪人。

因此，从这一点看，我们都要明白，有些情况下，你必须懂得拒绝，具体说来，这种情况有：

当对方的要求违背了我们做人的原则、甚至违反了道德和法律时；当同事的要求和自己的意愿或者计划相冲突时；当自己能力不足时。当然，你需要拒绝的情况还有很多，但无论如何，即使你想与他人搞好关系，也要慎重做承诺，绝不可来者不拒。

总的来说，我们每个人的能力和精力都是有限的，而别人的要求却是无止境的，有的是合理的要求，有的却是悖理的要求。如果你不好意思说"不"，轻易承诺了自己无法兑现的诺言，势必给自己带来更大的苦恼，同时也会让自己处于被动的境地。

第 06 章

给人尊重,也是为自己收获人情

我们都知道,中国人很爱面子,而在复杂社会的人际关系中,"面子"的含义不一而足。你敬我一尺,我还你一丈,你给人家光彩,人家就给你光彩,给了人家面子,就收获了人情,在事业和工作中,你就得到了别人更多的帮助,这收获的就是一笔人力财富。

苛责别人，只会招来厌恶

在中国人的心目中，面子是尊严的代名词，生活中，很多人，无论何时，都为自己做足面子。丢失了面子，就丢失了光荣，失去了光彩，矮了身份，感到脸上无光，心中无味。因此，人们最厌恶那些指责自己的人，因为这会让他们失了面子。这就告诉我们，无论你的交往对象是谁，无论处于什么样的场景下，你都不要指责他人，指责只会让他人厌恶你。

我们来看看"第六枚戒指"的故事：

美国经济大萧条时期，有个姑娘，高中毕业以后，来到一家珠宝店上班，她很珍惜自己的工作。为此，她努力地工作着。

就在圣诞节的前一天，在她当班的时候，珠宝店来了一个衣衫褴褛的顾客，她很明白，这个贫民顾客只不过是看看而已，因为他买不起。

这名顾客在店里随便溜达着。此时，电话响了，年轻的姑娘去接电话，突然，她一不小心撞翻了放在展览柜上的一叠钻石，6枚精美绝伦的钻石戒指落到地上。她慌忙捡起其中的5枚，但第6枚怎么也找不着。这时，她抬起头看到那个贫民顾客正在向门口走去，她明白，钻石应该是被他拿走了。于是，她赶紧站起来，柔声说道：

第06章
给人尊重，也是为自己收获人情

"请稍等，先生！"那男子转过身来，看着年轻姑娘不知道说什么。

"什么事？"男人问。年轻姑娘并没有说话，于是，他开始紧张起来，并再次问："什么事？"

"先生，我想说的是，这份工作对于我来说来之不易，现在找工作很难啊，我想您也深有体会，是不是？"姑娘神色黯然地说。

听到年轻姑娘的话，男子久久地凝视她，终于一丝微笑浮现在他脸上。他说："是的，确实如此。但我相信，你一定会取得好的成绩的。我可以为你祝福吗？"他向前一步，把手伸给姑娘。

"谢谢您的祝福。"听到男子这么说，年轻姑娘也伸出手，两只手紧紧握在一起。姑娘用十分柔和的声音说："我也祝您好运！"

男子在握手后，说了句再见就转身离开了，姑娘站在原地，目送男人远处，然后转身走到柜台，把手中握着的第6枚戒指放回原处。

很明显，这位年轻姑娘的方法是值得我们效仿的，她既拿回了钻石，又为这位贫民顾客保留住了面子。相反，如果面对这种情况，她大喊大叫或者而严厉地质问对方，执意追查都会让这个贫民怀恨在心，甚至可能对她实施报复行为。

生活中的人们，当你遇到他人意见与你不一致、对方意见已经明显错误、他人犯错的情况下，你都不要指责，一定要懂得善于控制自己的情绪，要多考虑自己做事、说话的后果，要为自己留条后路，就要给别人留面子。

另外，要让自己不说出指责他人的话，你就需要做到以下两点：

1. 控制自己的情绪

与人交往，无论如何，都不要口出恶言，更不要说出"情断义绝""势不两立"之类过激的话。不管谁对谁错，都要控制自己的情绪，最好都闭口不言。

2. 意见不一时，委婉指出

其实，当彼此意见不一时，不妨采取一些委婉的方式，来表达自己的观点。如果对方仍然坚持自己的观点，大可以一笑了之。如果这样，即使是批评的意见，也可以使对方听得舒服，同样的内容可以使对方乐意接受，而且在极大程度上，可以激起对方的兴趣和热情，其作用往往超过一般的直言快语。

3. 侧面点拨

不直言相告，而是从侧面委婉地点拨对方，使他们明白自己的不满。这一技巧通常借助于问句的形式表达出来。如：

小李与小王是一对好朋友，彼此都视对方为知己。有一次，本单位的青年小张对小李说："小李，我总觉得小王这小子为人有点太认真了，简直到了顽固的地步，你说是不是？"小李一听小张的话顿生反感，心想：你这小子在背地里贬损我的好朋友缺德不缺德？但他又不好发作，于是假装一本正经地说："小张，我先问你，我在背后和你议论我的好朋友，他要是知道了会不会和我反目为仇？"小张一听这话，脸"刷"地一红，不吭声了。

这里，小李就使用了委婉点拨的技巧。面对小张的发问，他没有直接回答"是"还是"不是"，而是话题一转，给对方出了个难题，而这个难题又正好能起到点拨对方的作用，既暗示了"小王是我的好朋友，我是不会和你合伙议论他的"，又隐含了对小张背后议论、贬损小王的不满。同时，由于这种点拨较委婉含蓄，所以也不至于让对方太难堪。

总之，在与人交往过程中，无论遇到什么事，都应该平和对待。为人处世，退一步准备之后，才能冲得更远，谦卑的反省之后才能爬得更高。

给足他人面子，更易达成你的目的

我们都知道，中国人最重视面子，而中国人爱面子是虚荣心的表现，爱面了固然不好，但我们可以利用人们的这一心理来收获良好的人际关系，并达成自己的目的。

然而，交际中，我们不难发现这样的人，表面上看，他们能说会道、口若悬河，但一说话，就让人感觉到他很狂妄，因此别人很难接受他的任何观点和建议。其实，这种人多数都是因为想表现自己，想让别人认为自己很有能力、看得起自己，但结果却事与愿违，他们妄自尊大，高看自己，小看别人。这样的人总会引起别人的反感，最终在交往中使自己走到孤立无援的地步，失掉了在朋友中的威信。

慈禧太后爱看京戏，看到高兴时常会赏赐艺人一些东西，这也是常理中的事情，但是，有一次，艺人杨小楼却因此差点丧命，多亏太监李莲英的圆场。

那天，慈禧看完杨小楼的戏后，将他招到面前，指着满桌子的糕点说："这些都赐给你了，带回去吧。"杨小楼赶紧叩头谢恩，可是他不想要糕点，于是壮着胆子说："叩谢老佛爷，这些尊贵之物，小民受用不起，请老佛爷……另外赏赐点……"

"那你想要什么？"慈禧当时心情好，并没有发怒。

杨小楼马上叩头说道："老佛爷洪福齐天，不知可否赐一个'福'字给小民？"

慈禧听了，一时高兴，马上让太监捧来笔墨纸砚，举笔一挥，就写了一个"福"字。

站在一旁的小王爷看到了慈禧写的字，悄悄说："福字是'示'字旁，不是'衣'字旁！"杨小楼一看，确是如此，这字写错了！如果拿回去，必定会遭人非议；可不拿也不好，慈禧一生气可能就要了自己的脑袋。要也不是，不要也不是，尴尬至极。慈禧此时也觉得挺不好意思，既不想让杨小楼拿走，又不好意思说不给。

第06章
给人尊重，也是为自己收获人情

这个时候，旁边的大太监李莲英灵机一动，笑呵呵地说："老佛爷的福气，比世上任何人都要多出一'点'啊！"杨小楼一听，脑筋立即转过来了，连忙叩头，说："老佛爷福多，这万人之上的福，奴才怎敢领呀！"

慈禧太后正为下不来台尴尬呢，听两个人这么一说，马上顺水推舟，说道："好吧，改天再赐你吧。"就这样，李莲英让二人都摆脱了尴尬。

李莲英之所以能一直受慈禧的恩宠，恐怕与其嘴上功夫的了得是分不开的，在这种情况下，换成其他人，恐怕只能胆战心惊，语无伦次地等待慈禧大发雷霆了，可是，他却能巧妙圆场，为慈禧铺了台阶，维护了其面子，其恭维的功夫真的可谓是炉火纯青！

因此，无论你交往的对象是你的朋友、同事还是陌生人，都不要想着表现得要比朋友优越，因为他们会形成一种自卑感，也就容易对你产生嫉妒心理，而相反，如果我们学会示弱，把光彩让给他们，他们就有一种被重视的感觉。正如法国哲学家罗西法古所说："如果你要得到仇人，就表现得比你的朋友优越吧；如果你要得到朋友，就要让你的朋友表现得比你优越。"

在交往中，任何人都希望能得到别人的肯定性评价，都在不自觉地强烈维护着自己的形象和尊严，如果你的谈话过分地显示出高人一等的优越感，那么无形之中是对他的自尊和自信的一种挑战与轻视。而聪明人则会让自己"低人一等"，给足对方面子，这样，在获得对方认可的情况下，他们再提出自己的要求，对方也会顺其自然地接受。

那么，我们该如何给足他人面子呢？

1. 放下架子，不可趾高气扬

这一点，在与比自己身份低的人说话时尤为重要。偶尔说一说"我不明白""我不太清楚""我没有理解您的意思""请再说一遍"之类的语言，会使对方觉得你富有人情味，没有架子。相反，趾高气扬，高谈阔论，锋芒毕露，咄咄逼人，容易挫伤别人的自尊心，引起反感，以致他筑起防范的城墙，从而导致自己的被动。

2. 重视对方的意见

那些说话妄自尊大，小看别人的人总会引起别人的反感，最终在交往中使自己走到孤立无援的地步。与人沟通，目的在于交流意见、达成共识，只有重视对方说的每一句话，才能同样赢得尊重。

3. 当对方遇到尴尬时巧妙维护其面子

毕竟，每个人都有强烈的自尊心和虚荣心，都会注意自己社交形象的塑造，没有人愿意当着众人的面出丑，而事实上，人们心知肚明，你这样做，不仅能赢得当事人的感激，还能让人觉得你是个善解人意的人。

总之，我们要明白的是，虚荣心是人性的弱点。因此，如果我们能在说服他人的过程中，多抬高他人，放低自己，那么，对方心中必会产生一种莫大的优越感和满足感，自然也就会高高兴兴地听从你的建议，从而从心里接受你。

第06章
给人尊重，也是为自己收获人情

良言一句三冬暖，恶语伤人六月寒

俗话说："好言一句三冬暖，恶语伤人六月寒。"人际间相处与沟通是平常的事，也是一件微妙的事。中国人自古以来都是最爱面子的，与人说话温声细语自然能让他人如沐春风，倍感脸上有光，相反，一句粗话恶语却会破坏人们良好的情绪。坏的情绪和好的情绪都容易传染。良好、自然的环境和融洽的人际关系是大家共同创造出来的，好的环境需要每个人共同创造和维护。

生活中，我们对那些说话彬彬有礼的人总是充满好感。因为人们总是把"礼貌"与其他一些品质联想在一起，比如：有修养、真诚等。我们与人交际，就是希望能得到别人的认可，从而达到我们的交际目的。而语言是交际的外衣，我们要想有良好的沟通效果，就要从语言入手，与人沟通中，要记住"好言一句三冬暖，恶语伤人六月寒"的原则，要多说善意的话，让人产生积极的心理，看到我们的素质和修养，从而对我们另眼看待。

在茂密的山林里，一位樵夫救了一只小熊，小熊对樵夫感激不尽。有一天樵夫迷路了，遇见了母熊，母熊安排他住宿，还以丰盛的晚宴款待了他，翌日晨，樵夫对母熊说："你招待得很好，但我唯一不喜欢的地方就是你身上的那股臭味。"母熊心里快快不乐，说："作为补偿，你用斧头砍我的头吧。"樵夫按要求做了。若干年后，樵夫遇到了母熊，他问："你头上的伤口好了吗?"母熊说:"噢,那次疼了一阵子,伤口愈合后我就忘了。不过那次你说过的话,我一辈子也忘不了。"

从这则故事中,我们发现,一句伤人的话对他人的伤害是很大的,说话注意他人的感受,是一个人最基本的素质,人们对那些没有素质的人往往采取的都是敬而远之甚至是厌恶的态度。

的确,如果在与人沟通中,说话时都能说文明话、礼貌话,少一些失礼的语言,不管对方是熟人还是陌生人,内心多一些善意,多说一些真诚祝福的话,我们的人际关系就会更加和谐,这样的和谐环境对我们的生活、工作都大有帮助。

那么,沟通中,我们该如何说话呢?

1. 真诚地说话

人与人之间沟通,无论是雇主关系,还是朋友关系;无论是亲戚还是顾客,相互之间都应真诚相待。只有真诚,才能换取真诚。如果我们只是把"礼貌话"当成一种场面语言,那么就会显得不真诚,即使这场面话说得再好,也不会获得对方的信服。

当松下电器公司还是一个乡下小工厂时,作为公司领导,松下幸之助总是亲自出门推销产品。每次在碰到砍价高手时,他总是真诚地说:"您好,我的工厂是家小厂。炎炎夏日,工人们在炽热的铁板上加工制作产品。大家汗流浃背,却依旧努力工作,好不容易才制造出了这些产品,依照正常的利润计算方法,应该是每件××元承购。"

听了这样的话,对方总是开怀大笑,说:"很多卖方在讨价还价的时候，总是说出种种不同的理由。但是你说的很不一样，句句都在情理之中。好吧，我就按你开出的价格买下来好了。"

松下幸之助的成功，在于真诚的说话态度。他的话充满情感，描绘了工人劳作的艰辛、创业的艰难、劳动的不易，语言朴素、形象、生动，语气真挚、自然，唤起了对方切肤之感和深切的同情。正是他的真诚，才换来了对方真诚的合作。

2. 掌握一些礼貌用语

礼貌用语要文明雅致、措辞恳切、热情真挚、口气和蔼、面带微笑，主要有以下几个方面：

问候的用语：早晨好；您早；晚上好；晚安。

答谢的用语：请多关照；承蒙关照；拜托。

赞赏的用语：太好了；真棒；美极了。

挂念的用语：身体好吗；怎么样；还好吧。

理解的用语：太忙了只能如此；深有同感，所见略同。

征询的用语：你有什么事情；需要我帮您做什么；如果您……不介意的话，我可以做……吗。

道歉的用语：对不起；请原谅；实在抱歉；真过意不去，完全是我们的错。

常用的客套话：慢走；留步；劳驾；少陪；失敬；久违；久仰；恭喜。

俗话说："一句话能把人说跳，一句话也能把人说笑。"言语是思想的衣裳，谈吐是行动的羽翼。它可以表现一个人的高雅，也可以表现一个人的粗俗。言谈高雅即行动之稳健；说话轻浮即行动之草率。也就是说，人际沟通中，如果我们想要接通情感的热线，使交际畅通无阻，就应该得体地说话，让人感到"良言一句三冬暖"，使感情顿时亲切融洽起来。

贬低他人，你也会被人轻视

现代社会，人们与人交往，除了要达到某种实质性目的比如利益合作外，一般都是为了从交往对方心中得到一种价值认定。身为一个人，没有人希望自己的能力和价值被否定，也就没有人希望被人贬低，因此，通常情况下，人们都喜欢与那些赞赏自己、崇拜自己的人交往，而排斥那些贬低自己的人，对于那些懂得把荣誉和光芒让给别人的人则是倍加感激和崇敬。因此，我们要明白，人际交往中，人们关心的都是自己，你如果贬低他人，最终的结果就是自己被轻视。

的确，每个人都渴望表现自己从而引起人们的重视，但真正的进步，是靠你不断努力所创造的价值来体现的。你不能"以别人为台阶向上爬"。当你发扬自己的优点时，就是在强调自身价值，而当你以贬低别人来抬高自己时，实际上是在强调别人而不是你自己，这样，往往很容易得罪别人。因此，当你不会说话时，与其说一些贬低他人的话，不如保持沉默。

第06章
给人尊重，也是为自己收获人情

有一个领导，想让下属小李给自己办件事——翻译一篇稿子。于是，他把小李叫到办公室，对小李说："小李，你今天看起来不错啊，听说你最近很闲，是不是没什么事情干。这样吧，听说你以前是英文专业毕业的，反正你也是闲着，就帮我把这篇稿子翻译一下，这个周末之前就交给我！"

"周末？今天都周四了，那不好意思，我恐怕要跟您说声抱歉。下周一我就得出差，还需要准备很多资料呢，所以可能没时间为你翻译。对了，科长不是专业英语研究生毕业吗？这点事，对您来说，肯定是小儿科吧。反正我正职的工作都做不好，就别说翻译这么重要的事情了。"

"啊，我知道了，算了，不求你也罢。"

这里，我们看出来，这位领导托下属办事的方式方法实在不对，求人办事，首先最重要的就是态度问题，而他却一开口就贬低自己的下属，说下属很"清闲"，如此一来，对方哪还会想替你做事，这实在是糟糕透顶的谈话。

我们在谈论之余更会感慨，贬低他人的同时，可能就会给自己埋下了一个祸根：当别人以实力证明了自己的同时，你就会为自己的那些贬低之言付出代价，也就是说，贬低他人的后果就是自己也被人轻视。"满招损，谦受益"，这是再浅显不过的道理，想要通过贬低他人来抬高自己，无疑是最愚蠢的做法。

因此，当你与人交往的时候，不可出口伤人，相反，一定要保持低姿态，谨言慎行，说话的时候要给人留余地，顾及别人的感受。要知道，让人重视自己的方法并不是贬低别人，而是要讲究一定的交际技巧，这就需要你懂得打开人际交往的后花园大门——心灵。

俗话说："两军相遇智者胜。"千智万智又以攻心为上。在人与人沟通和交往的过程中，人心可谓是最神秘莫测的东西。要打开人心这扇紧闭的大门，并非毫无办法。只要你切实掌握一些行之有效的技术技巧，自然就能很容易地敲开任何人心灵的大门。以下是几条忠告：

1. 尊敬别人，重视别人

尽量使用敬称——"您"而不是"我""我自己，我的"，懂得称呼，是每个人必须具备的最基本的一些素质。

还比如，如果有人求你办事，但是因为你暂时在开会或者有其他事，如果要见你的人必须等待，那么，你一定要有意识的让他们知道你在等，这是重视别人的一部分。当你见到等你的人时，可以这样说："对不起，让您久等了。"这些简单礼貌的话语，往往会让那些等你的人，心里感到十分温暖。

2. 关注交际场合的每一个人

通常，交际场合都是由一些主要人物和一些非主要人物组成的，但你不要只关心那些领导者或发言人，也不要只是关注那些有权威的人或值得你关注的人。因为孤雁难成群，而且，那些暂时不起眼的"小人物"，也可能成为未来的"大人物"。

3. 意见分歧时，好言相劝

当你与交际对方产生一些分歧时，不要显示你的嘴上功夫，将对方说的一无是处，甚至将对方贬低，这样做，只会恶化你们间的关系。任何人都有自己的人生观、价值观等，对同一件事，自然也会有不同的看法，俗话说："对事不对人"，有意见可以保留，但不能贬低他人。

4. 不必过分急躁

在与人相处时，不要表现出你的过分急躁。因为过分的急躁会令人感到疑惑、怀疑。他们会对你的行为感到不安并退避三分。

总的来说，只要你在平时注意做到以上几点，那么，你肯定会给人们留下良好的印象。

想方设法把名声送给别人，你会收获更多

自古以来，名利就像一个明星一般，让人们锲而不舍。而对于好面子的中国人来说，名声显得尤为重要。生活中，很多时候，一些人在拥有一定的财富之后，都会采取一定的手段来提高自己的知名度。有些明星为了出名，甚至不惜制造绯闻，这就是名声的重要性。而在与人交往的过程中，假如一个人愿意把光彩转让给他人，那么，在朋友们眼里，他就算是个很会做人的人了。这样的人，往往在人际交往中如鱼得水，而那些说话、做事不经过大脑、不知道转让光彩的人，自然失道寡助。因此，如果我们能想方设法把名声送给别人，那么，我们

将会收获更多。

以前，有个很出名的画家，这天，他和他的弟子们去某画廊看画。接待他们的是一位漂亮的小姐，小姐很敬业，总是亦步亦趋地陪在他们身边，并且不断地介绍画廊的各种字画。

这会儿，画家停在了一副字画前，并一字一句地读上面的诗句，有一张画是用草书题的，大概写得太草了，画家读着读着，突然停住了，应该是不认识这个字。此时，画廊的小姐脱口而出："您看不出来啊！是意思的意嘛！"只见大师脸色一整，沉声骂道："这里有你多嘴的地方吗？"跟着一转身，怒气冲冲地走出画廊。

画廊小姐的错误之处在于急于表现自己，让画家没面子，因为爱出头而造人嫉恨。

当然，在转让名声的时候，我们别轻视对方的智商，不要赤裸裸地把名声强加到对方身上，造成张冠李戴的尴尬场面。那样只会弄巧成拙，招致对方的怨恨。而且，当你把名声让给对方的同时，万不可到处宣扬。否则，会让人误以为你别有目的。

总之。无论何时，我们都要记住一点，人际交往中，我们要懂得付出，不仅要有物质方面的付出，更要有精神方面的付出，舍得把名声送给别人，就是为了满足他人的面子心理。这样做，不仅不会损害自己的"身价"，而且会取得对方的信任和支持，何乐而不为呢？

第07章

职场竞争，放平心态才有好前途

作为职场人士，我们都知道，唯有和同事及上司打好关系，工作起来才能得心应手，效率倍增，然而，没有人希望与不尊重他人的人共事，因此，我们身处职场，要多放下自己的面子，多给他人面子，只有这样，才能让我们在职场中如鱼得水，左右逢源。

维护领导，别让领导"脸上无光"

身处职场，我们每天都要与周围的同事、领导沟通，学会如何说话很重要。而作为领导，也必须面对各种人际关系。他们处理各种人际关系的时候，也会因经验或能力的不足而面临尴尬的局面，或与客户争吵，或被他的上司批评，或被同级嘲笑……上司都是爱面子的，很多时候，他们即使遇到一些自己无法控制的局面，也不会向下属开口，此时，聪明的你，应该自觉地帮领导寻找一个台阶，帮领导"打圆场"，以尽快让领导摆脱难堪的局面。这样，你的领导一定会心存感激，与领导站在了同一条战线，你也就成了领导的心腹。相反，如果领导遇到困境而你熟视无睹，一副与己无关的样子，那么他自然会找借口发泄对你的怨气。

倩倩是某科技公司总经理办公室的秘书，她有个好朋友叫小妍，是办公室的档案管理员，两人关系很要好，又在一处工作，可以说是主任的左膀右臂。

有一天上午，她与小妍从外面办完事回来，刚进办公室，办公室主任就将小妍叫了进去，他二话不说，就破口大骂："你这个档案管理员是干什么吃的，赶紧把××文件给我找出来！"小妍感到很委屈，莫名其妙就被主任骂了。她从小到大

第07章
职场竞争，放平心态才有好前途

娇生惯养，哪里受到过这样的委屈，她应了声"好的"就直接冲到了卫生间，倩倩看事情不对，就跟着问发生什么事了。

小妍哪里知道什么情况，从卫生间出来后，有好心的同事告诉她们，在她们上午外出办事的时候，公司高层打来电话，让主任找出一份重要的合同文件，主任平时只是喝喝茶、看看报纸的人，哪里知道文件在哪里，于是，公司高层领导就骂他："你这个主任究竟是怎么当的！连文件放在什么地方都不知道，你一天到晚到底在干什么！"

后来，倩倩赶紧把那几份文件找了出来递给主任。主任亲自把文件送去了上级领导那里，但回来后，他的脸色更难看了，倩倩心想，主任一定是又被领导骂了，他赶紧把刚沏好的茶端进去，没想到主任却说："这个水怎么那么烫？你这个秘书是怎么当的？"见主任又把气往自己身上撒，倩倩感到莫名其妙。她知道这个时候不能惹主任，便躲得远远的。

范例中，这位办公室主任为什么会把本来撒在小妍身上的气转给倩倩呢？因为她让主任觉得正当自己需要帮助时却置若罔闻。如果倩倩换一种方式处理这件事，比如，如果倩倩找出老总所需要的文件后，不是交给主任，而是自己送到老总那里去，那么即使主任的脾气再大也不至于再朝倩倩发火了，那倩倩就主动给了主任一个体面地下台阶的机会。

事实上，与故事中的倩倩不同，职场中，有这样一些聪明的人，他们总是那么细心周到，无论什么场合，他们都做好了随时为领导补台的准备,当领导做了不该做的事、说了不该说的话而陷入尴尬境地时,他们也总是能巧妙地为领导找到台阶,让领导对他们心生感激。的确,又有哪个领导不喜欢这样的下属呢?

当然,学会帮领导找台阶、维护其面子,你需要做到以下几点:

1. 揣摩领导的心思,了解领导的意图

很多时候,即使领导需要帮助,但不会直白地表达出来,需要下属细心揣摩。原因有很多,但最普遍的情况是,领导碍于面子,不便随意表态,但倾向性意见不难猜测,这时你应该揣摩,不能强迫领导明确表态;与领导相处,最为重要的是那份"心领神会",形成默契。有些事领导还没说,你就已经做好了,领导当然会对你赞赏有加。凡事等领导发话你才做,便为时已晚,他在心里已经给你打了低分。

2. 审时度势,学会打圆场

工作中,如果你在领导身边工作,更要学会见机行事,当领导陷入尴尬境地需要有人圆场时,切不可置之不理,毕竟很多场合,领导不方便开口求助。

3. 维护上司的形象

当上司与第三者谈话时,作为下属,如果在场的话,要对对方的言语随时保持警觉,当上司处境不利时,马上给予应和,拥有这样的部属,是上司最感骄傲和值得炫耀的。当你给上司这样的印象时，他当然是会给你相当高的评价的。

4. 给领导台阶，切记要保住领导面子

对于领导来说，面子是最重要的，给领导找台阶，也就是为了此目的，切不可本末倒置。

总之，作为下属，你需要记住的一点是，上司的面子比什么都重要。

转让光彩，把功劳让给上司

我们与领导相处，一定要记住，领导是交际的主角，而我们则是配角，处于次要地位。这是交往规律，是由彼此交往身份和交际能量决定的。我们要积极支持领导，热情配合领导，鞍前马后，服从需要，听候调遣，为领导增光添彩，这是合乎交际现实的，不仅不会损害自己的"身价"，而且会取得领导的信任。而相反，如果我们不能退居幕后，如不能摆正这层关系，处处显示自己的能耐，抖弄自己的才华，甚至背弃、排挤领导，这往往适得其反，会招来领导的记恨。

姗姗在某著名外企当一名采购员。一次，总公司下达了一个采购命令，预计五百万购进一批化妆品原料，正当采购部经理准备去提货时，聪明的姗姗突然想到另外一种采购方法，可以节约150万元，因为上个月，子公司倒闭前还剩下了一大批刚进的原料。而刚好，这次需要购进的是同一种原料。采购部经理听完，很感激姗姗。但是，姗姗并没有把功劳记在自己名下，而是以领导名义申报的。在年终奖励大会上，她面对领导和广大员工说："我真的是太钦佩领导的智慧了。"因为她的名言是："领导第一，才有利益"。最后结果是领导得了荣誉，姗姗悄悄得了奖金。两人的关系更拉近了一步。

姗姗的做法是明智的，她把功劳给了领导，为领导挣到了面子，领导自然会感激她。

现实职场中，也不乏和姗姗一样聪明的职场人士，他们在做汇报的时候，将功劳和业绩都归于上级的英明领导，或者归于同事的大力帮助。他们抓住的恰恰就是人类对于虚荣的心理需求，把功劳推给上司，并不意味着你就没有功劳了，大家对事实心知肚明。他们一般也不会真的抢你的功劳。相反，他们会对你的做人处世的风格非常赞赏。如此看来，"转让光彩"实在有百利而无一害。

一个聪明的下属，应该学会"驾驭"上司的本事。如何"驾驭"上司？那就是给足上司好处，让其为自己铺平职场进步的路。在职场中，不管你才高几斗，不管你有多大功劳，学会在领导面前低头，将功劳让给上司，你将受益无穷。一个被你"俘虏"的上司，不仅在公司内部能给你很多的指导和鼓励，你也能随着他的升迁而获得更多的升迁机会。而如果你做不到"转让光彩"的话，你的上司就像一条拦路虎，业绩好的时候，他会把所有的功劳都算在自己的头上，业绩差的时候，他会把所有的责任都推给手下。他不能教你任何东西，你也得不到提拔，并且，他得不到提拔的同时，意味着你的前途也是渺茫的。

其实，把功劳让给上司并不是单纯的恭维领导，还需要我们巧妙配合，但万不可狂妄自大。那么，我们该怎样做到转让光彩呢？

1. 善于牺牲个人荣誉，巧妙转让光彩

一个精明的英国人曾经说过："一个人在世界上可以有许多事业，只要他愿意让别人替他受赏。"为领导增光添彩，有时候，我们要学会牺牲个人荣誉，你可以让他代你接受因你的设想或发明而得到的荣誉。如果你与你的领导的关系十分牢固，你会发现这种做法将会有利于长远的利益和奋斗目标。

2. 找准"闪光点"，多往领导脸上贴金

对领导不恭维不好，恭维过度肯定也不好。如果要恭维，就应该找准确实需要增光添彩的"闪光点"，最好郑重地讲给第三者听。这种恭维，不管是当着上司的面，还是在上司的背后讲，都能起到很好的效果，你将从中得到不可估量的好处。当领导脸上充满光彩时，你的脸上也跟着充满光彩；领导提升，你提升的机会也就增多。

3. 接受呵护，换来关注

适当的让领导帮助，更能体现领导的能力，这是变相的给领导增光添彩。我们要让领导感觉到，他是力量的象征，在他面前，我们显得很弱小稚嫩，所以要接受并求得呵护。这一则是我们与领导交往所寻求和迫切需要得到的东西，二则作为领导，他也会从中获得施予和扶持之乐，是一种自我价值的实现。

当然，在接受领导呵护的时候，一要尊重领导的愿望，二要适度得宜，不可仰仗、依附于尊贵者。这包括恰当的求助及一定程度上的求教。这会获得领导的认可，并圆满获取他的好感。

无论何时，别抢领导风头

生活中，我们都爱面子，而在企业中，需要树立威信的领导更是如此了，而作为下属，要想和领导和睦相处，获得领导的青睐，要想从领导那里学得职场经验，就必须给足领导面子，尤其是在工作场合，领导在场的时候你绝不能忘乎所以，绝不能表现自己而忘记上司的存在，那样做的话，虽然你得到了眼前的痛快，但可能失去了长远的机会。

任何人都有长处有短处，领导的学识、口才可能不如你，但他的经历和经验是你无法企及的，尽管领导不一定说。所以不要小看任何人，尤其是领导，他能到那个位置，一定有其原因。另一方面，领导的经验是一笔非常宝贵的财富，是一座富矿，值得你发掘。如果你看不起他，抢他的风头，他不会愿意教你的。职场上，如果能得到前辈的指点，你会少走很多弯路，减少很多奋斗时间，只因为表现自己、抢风头而失去这样的机会，实在可惜。

要知道，所有的领导，即使非常欣赏下属的才华，他也不希望看到自己的下属风光无限，而把自己忘的一干二净。尤其是在公共场合的时候，抢领导风头，最容易招领导记恨。

小陈是一名硕士毕业生，精通好几门外语，为了获得一份稳定的工作，他考入了现在这家事业单位，上班了一段时间才知道，原来自己的顶头上司才高中毕业，小陈自觉屈才，心里很不乐意，但是也没办法，谁让自己生不逢时呢？

有一次，领导要小陈一起陪同接待一些来自海外的华侨客人，宴会上小陈跟那些客人聊得很欢，自己也觉得很得意。宴会结束一起往外走，客人中的一位偷偷地对小陈说："你很睿智，但要知道什么时候表现。"小陈听了这话，觉得话里有话，他开始反思自己的表现，发现自己确实是太抢领导的风头，一场宴会领导没有成为中心，他反而成中心了。

后来注意这个问题，他就发现了很多不应该的情景，比如与韩国人在一起吃饭，自己懂点韩语，而领导一点也不懂，自己与韩国人聊得热火，偷眼一看领导，他正百无聊赖地研究鱼刺与鱼肉的分离关系。于是，从那以后，小陈开始注意这个问题，尤其是出席一些重要场合，和周围的人聊天的时候，也总不忘提到领导，称赞领导的英明带领。领导听了当然很受用，小陈在单位也越来越受重用，成了领导的左膀右臂。

小陈刚开始的做法的确不对，后来经人提醒，发现自己的失误。再遇到同样的情况时，他就知道了分寸，凡事先为领导想，不至于抢领导风头。

其实，换种思维，领导代表的是一个部门，领导没面子，代表部门没面子，假若你抢了领导风头，不尊重领导，代表你没教养，同时代表这个部门的人没素质、不团结。倘若你遇到的是涵养高、素质好的领导，能包容你，给你一个自省的机会，倒也作罢，要是遇到心胸狭窄的领导，恐怕没你的好果子吃。

那么，在公共场合，我们怎样才能做到不抢领导风头呢？

1. 不抢领导功劳

领导和下属出席一些重要的场合，比如聚餐，一般是为了庆功，在这种场合下，我们千万不要抢领导功劳。

客观上讲，在一个单位工作，任何一项成绩的取得都不是一个人努力的结果，一定有领导的安排、指点、影响，有同事的协助、支持、配合，而在分享这一成果的时候，领导们要的很少，往往只是一个心理上的满足，而我们要做的就是满足领导的这种心理。

在公共场合，总是有些下属爱抢领导的风头，以为好不容易有一次表现自己的机会，一定不能放过，"演讲"完以后，的确是露了脸，可是这无形中也得罪了和你一起的领导，有些领导固然不会表现出什么，也不一定当时会给你脸色看，但领导会记在心里，对你也会产生一个负面印象。聪明的下属则会迎合领导，把"光芒"让给领导，用自己的"黯淡"来衬托领导的"光环"，这样的领导，何愁得不到领导的提拔？

2. 不该说的不说

在公共场合，我们一定要保持清醒：该说的说，不该说的不说，切忌顺杆爬。那什么是该说的，什么是不该说的呢？把握一条：任何时候都不要当着领导在很多人面前表现自己，特别不能在众人面前抢领导的风头。公众场合中，在领导面前表现得愚钝一点才是聪明之举。只有你的愚钝才能显出领导的聪明。

另外，千万不要让任何荣宠冲昏了头。永远不要异想天开，以为上司喜爱你，你就可以为所欲为，受宠的部属自以为地位稳固，胆敢抢主子的风头，最终失宠的事例简直不胜枚举。

3. 公共场合，维护领导的举止也要适度

作为下属，在公共场合，维护领导的权威和尊严是必要的，这也是下属应尽的职责，还关系到上下级能否建立良好关系。但是特别要注意，这种维护方式应当含蓄和隐蔽一点，千万不要太显山露水、太露骨了。否则，会让人感觉你是一个拍马屁的小人。当然，维护领导是有原则的，不能把对领导权威的维护当成对某个人权力的维护，甚至对领导的错误也极力掩盖。这种过分的行为必然会引起群众的不满，遭到群众的反对。

总之，在职场，我们既要做好工作，也要尊重上司，这似乎比较难，其实做好了后者，更有利于做好工作，实际工作中二者一点也不矛盾。

积累财富，"月光族"没什么自豪

现代职场人，尤其是年轻人，他们都有面子心理，他们喜欢把每个月收入的全部或者绝大部分拿来消费，尤其是请客吃饭、娱乐或者享受，认为这是一种面子心理，所以到了月底的时候，钱包里所剩无几，这就是"月光族"的由来。然而，对于这部分人来说，生活不只有诗和远方，还有每个月长长的银行账单和月底空空的钱包。

近几年，北京大学做了一次调查报告，我国都市白领中有40%是"月光族"。这些都市的月光一族，虽大多有着稳定的收入，但缺乏理性的消费和理财规划，让他们自己也时常奇怪："钱都去哪儿了？"所以，通过理财规划改善自己的财务状况，保障自己的未来，就成了"月光族"需要恶补的第一堂课。

我们可以发现，月光族有着这样的消费习惯：他们挣多少花多少、穿名牌，盲目消费，银行账户总是亏空状态，他们认为，花钱才能证明自己的价值，钱只有在花的时候才是有用的，认为会花钱的人才会挣钱，他们不买房只租房、不买车只打车，他们薪水并不低，但却是"格子间"的穷人，而且，这些年轻人大多数单身，花钱能给他们带来满足感，有钱时，他们什么都敢买、不考虑商品价格，没钱时一贫如洗，甚至向父母、朋友伸手要钱。

事实上，这些年轻人都有着几乎相同的成长经历，他们从小在父母的呵护下长大，手里不缺零花钱，从来都是饭来张口、衣来伸手，所以就养成了花钱大手大脚、不知节制的习惯，因为有父母和家庭这一后盾，所以，他们敢于超前消费，真到了没钱的时候，还能找父母要钱。

然而，这些年轻人没有想到的是，盲目消费、不知节制的习惯忧患多多。他们的资金是完全处于断开的状态，现在的你可能无需赡养父母、抚养子女，可能是一人吃饱全家不饿，但我们要考虑到风险的存在，比如，月光族们很可能会因为失业或者重大疾病而使生活陷入瘫痪状态。

再比如，对一个零储蓄的人来说，当你到了适婚年龄、想要买房成家的时候，就不现实了，虽然银行可以贷款，但是动辄几十万元的首付款又从何而来呢？或者你认为父母可以提供，但是每个月的按揭贷款如何还？去国外旅行，零储蓄者无法开立存款证明。你想要购买一些金额较高的产品，不得不用信用卡消费，无力一次性偿还选择分期会无形中增加成本。

另外，在理财已经成为全民认可并实行的今天，理财的第一步就是储蓄，没有储蓄的人就没有"钱生钱"的本金，更不可能通过投资理财来让自己的财产"滚雪球"。

不少年轻人也提出："我很想理财，可就是没钱理怎么办？"可能这是让人最头疼的理财问题了，巧妇难为无米之炊，解决问题的答案只有一个：先学会存钱。还有，消费虽然能提高一时的生活品质，但从长远的角度看，没有资产的沉淀和积累，要想让生活品质真正提升是不可能的。

储蓄是理财的第一步，只愿享受当前生活，而没有储蓄的人未来的不确定性会比较强，同时也难以达成一些金额较大的开支。为此，每一个年轻人都要做到：

1. 强制储蓄

即便你从前没有储蓄的习惯，如果你想获得改变，也要强制自己储蓄。

比如说，你薪水5000元，你在外租房，要交房租，还有水电、生活用品等，这些花费2000元，社交应酬、购物2000元，剩下1000元，一年下来，你能积累12000元，而如果你能在发工资的时候就存2000元，然后在除去必要开支的情况下适度控制自己的消费习惯，一年你就能存24000元，这是一笔不小的积累。

2. 理性消费

要投资理财，先要建立良好的习惯，并坚决执行，这不仅体现在要强制储蓄上，还要我们懂得控制自己的消费资金。

"冲动是魔鬼"，我们看到，一些职场白领，尤其是职场女性，她们一发工资就直奔商场，然后拿起信用卡随便刷，到了月底，恨不得喝白开水度日。

职场年轻人，要告别"月光族"必须培养理性消费的习惯，尽量避免日常多次零星购物，虽然每次消费金额不多，但累计起来数目不小。

所以，建议年轻人每月制定购物计划，列出详细清单，比如哪些是必须花费的，比如房租、网费、水电费、交通费等，哪些是不必要购置的，比如添置衣物、购买电子产品和食品等。而如果兴起购物欲望，先想想这件物品是否必要购买？使用频率高不高？如果今天不买，过几日看看是否还有购物欲望？如果以上都是否定的答案，就该庆幸为自己省下了一笔不必要的支出。

3. 管好信用卡

信用卡可以使人提前消费，让你在购物时免除了资金不足这一后顾之忧，然而，也是因为这一点，才无形中刺激了人们尤其是月光族的消费欲望，平时使用不觉得过度消费，每到还款之日才醒悟原来消费了那么多钱。

所以，格子间的职场人士们，有必要严格控制可透支金额，尽量将其信用额度降低，遇到必买大件物品时再申请恢复信用额度，以此来提高自己对信用卡使用的控制程度。

总之，任何一个职场人士，都不要打肿脸充胖子，更不要认为"月光"有什么自豪的，要认识到零储蓄的忧患，要树立储蓄和理财的理念，为未来幸福的生活打下坚实的基础。

低调行事，别总是想"拉风"

英国哲学家斯宣宾塞认为："成功的第一个条件是真正的虚心，对自己的一切敝帚自珍的成见，只要看出与真理的冲突，都愿意放弃。"美国科学家富兰克林也说："缺少谦虚就是缺少见识。"所以，任何人，都要懂得谦虚，这不仅是成功之道，更是为人处世之道。同样，身处职场，无论何事，都要低调行事，喜欢出风头的人，抢占了别人的面子，势必会成为众矢之的。

琴琴和欧丹丹都是一家广告公司的文员，但同样是女人，而且同样都是漂亮女人，命运却完全不一样，琴琴在自己25岁的时候，就嫁给了一个地产商，衣食无忧，每个月老公都会给她一大笔钱买衣服，自从她产下了一个可爱的儿子后，老公对她更是宠爱有加了。而她之所以还在工作，完全是为了想多交交朋友，不想让自己与社会脱节。

相比之下，欧丹丹的生活就惨淡很多了，她也在25岁的时候结婚了，但她结婚的对象却是一个工厂的职工，两个人的老

第07章
职场竞争，放平心态才有好前途

家都在农村，好不容易两个人凑齐了首付在城里买了套房子，但到现在连装修的钱还没存够，只能暂时窝在一个出租屋里，眼看两个人都不小了，但却不敢要孩子，因为养不起。这就是为什么欧丹丹平时在下班之后还去卖场打工，因为她需要钱。

这天，欧丹丹被老板骂了，因为她头天晚上没睡好，在办公室的时候居然睡着了，恰巧被老板看见了，就这样，她这个月的奖金没了，当她从老板办公室垂头丧气地走出来时，她听到琴琴又在吹嘘自己的豪华生活："昨天，我去新光天地买了一件九千多的皮草，哎，买的时候觉得可以，一买回家就不想要了，真是的，下次买东西还是要想好，九千块也不少了，欧丹丹，你说是吧，你和你老公半年应该都存不到这些钱，对吧？"当琴琴问她的时候，她愣了一下，只是回答了个"是"字，她心里很难受，这不明摆着是说给自己听的吗？

自打这件事后，欧丹丹就很讨厌琴琴，一有机会就为难琴琴，琴琴是个花架子，很多事情都不会，原先她都问欧丹丹，而现在的她在办公室显得很无助，不知道该怎么办了。

这则职场故事中，原本两个关系不错的女人，为什么关系下了变僵了？因为琴琴不该在失意的欧丹丹面前显摆自己富裕的生活。一般来说，失意的人缺少攻击性，郁郁寡欢是他们最为普遍的一种表现，但这并不是表明他们没有反击的能力，可能你的得意之语并没有针对性，但却可能引起对方的嫉恨，这种嫉恨不会很明显的表现出来，可他们有自己的反击方式，比如背后中伤、背后搞破坏等,明枪易躲暗箭难防。

因此,任何一个希望获得同事支持的职场人士,都应该低调一点,无论你取得了什么成就,你都应该照顾他人的感受,尤其是那些失意的同事。具体来说,你可以这样做:

1. 低调行事,不炫耀自己的成功

每个人都有点虚荣心,每当自己取得一定的成就或达到某个目标后,难免会产生一些优越的心理,但你千万不要在其他人面前表现出来,更不要借机贬低、挖苦别人,言者无意,听者有心,很可能你一句炫耀的话就伤害了别人,从而让别人产生记恨的心理。

2. 做好本职工作,荣誉已经成为过去

一个真正有"心机"的人,他是绝对不会滥用优点和荣誉的,他不会等待着去享受荣誉,他会继续努力去做那些需要去做的事。正如俄国科学家巴甫洛夫所谆谆告诫的:"决不要陷于骄傲。因为一骄傲,你就会在应该同意的场合固执起来;因为一骄傲,你就会拒绝别人的忠告和友谊的帮助;因为一骄傲,你就会丧失客观的准绳。"

同样,面对荣誉,我们要放下骄傲的姿态,继续做好自己的工作,而不是吹嘘自己如何战胜对手,这会让领导和同事反感。

3. 受他人指教时多倾听

老同事或者领导向我们传达经验的时候,我们尽量不要打断对方说话,大脑思维紧紧跟着他们的诉说走,要用脑而不是用耳听。

4. 主动向他人请教

你的人生才刚刚开始,需要你学习的东西实在太多,切不可恃才傲物。工作中不懂的地方,你都应该虚心地向他人请教。

5. 热心帮助失意之人

如果你不希望你的成绩让那些失意之人心里不舒服,你最好和他保持一定距离,这是让自己安全的最好方法,但如果你希望化敌为友,你还应该学会在背后帮助他、关心他。如果你能掌握一些沟通与交流的技巧,寻找一个机会委婉地指出他存在的不足,让他明白自己的缺点,他才会把注意力放到提升自己这一点上,当他真的进步后,他就会对你心存感激。

比如,如果在同事当中有人因你的美丽仪表风度而忌妒你,不妨把你的美容方法传授给她,根据她的个人条件指点她的穿戴,让她变得优雅起来。当她因为你的指点而得到别人赞美时,她会非常感谢你的。

第08章

商场沉浮，业绩是最好的证明

商场打拼，没有永远的朋友，也没有永远的敌人，只有永远的利益。的确，在商业竞争中，利益永远是第一位的，有成绩也就有了面子，你"不好意思"，就被他人抢占了先机。因此，任何商务场合，我们都不可过分看重面子，放下面子，才能赢得合作，才能留住客户，才能获得业绩。

商场拼的不是面子，而是用业绩说话

竞争，在字典里是这样解释的：为了自己的利益而跟别人争胜。良性竞争是发展自己、提高自己的动力，所以，倡导良性竞争是很有必要的，尤其是在商场，竞争意识更为强烈。如果一个人羞于竞争，那么只能被商业大潮卷走，因为商场拼的不是面子，而是业绩，有业绩就有底气，就有资本，也就有了话语权。

石油大王洛克菲勒先生曾说过一个抢占石油市场的经历：

洛克菲勒在进军石油市场的第三年，那些油商们又在宾州布拉德福发现了一个新油田，于是，负责标准石油公司输油管业务的丹尼尔·奥戴先生便迅速带领他的团队扑向那个财富之地。那些开采石油的人已经几乎疯狂了，他们希望可以从油田赚到足够的钞票离开，所以不分昼夜地开采，也就是说，油田的工人和管道完全不够用。

这样的情况下，洛克菲勒告诉奥戴先生，希望他能对那些采油商们提出建议，希望能降低开采速度，如果这样不分昼夜地开采，运输能力势必承担不了，最后可能导致这些石油变成一文不值的粪土。然而，无论洛克菲勒怎么苦口婆心地劝说，傲慢和争强好胜的奥戴根本听不进去。

第08章
商场沉浮，业绩是最好的证明

就在此时，洛克菲勒的竞争对手波茨行动了，他先在几个重要的炼油基地收购洛克菲勒的炼油厂，接着，他又开始在布拉德福德抢占地盘，铺设输油管道，要将布拉德福德的原油运到自己的炼油厂。

洛克菲勒发现，此时必须要出手了，否则只能把机会让给别人了。于是，这一天，他来到宾州铁路公司大老板斯科特先生的家里，并直言不讳地把事情的利害告诉了他，但这位斯科特先生也是个固执的家伙，他对波茨的行为置之不理。无奈，洛克菲勒决定亲手向自己的这个敌人宣战。

第一步，洛克菲勒解除了与宾州铁路的所有业务往来，而将自己的运输业务转给了另外两家支持他的铁路公司，在削弱他们力量的同时，他还终止了与宾铁的全部业务往来，亲自指示部属将运输业务转给一直坚定地支持他们的依赖于帝国公司运输的在匹兹堡的所有炼油厂；随后指示所有处于与帝国公司竞争的己方炼油厂，以远远低于对方的价格出售成品油。

一系列的措施，让斯科特不得不接受，尽管他很不情愿。

有措施就有反击，他的对手为了打击他，将业务转向了洛克菲勒的竞争对手，甚至不惜倒贴对方很多钱，无奈，他们只好裁员、削减公司，这引发的是工人们的极大不满，最终，这些愤怒的工人们一把火烧了几百辆油罐车和一百多辆机车，逼得他们只得向华尔街银行家们紧急贷款。

就这样，一年时间，他们损失了一大笔钱，洛克菲勒的竞争对手波茨先生是个很有魄力的军人，他不愿意妥协，不过，他也是个精明的商人，他懂得权衡利弊，最终，他决定放弃竞争，选择和洛克菲勒握手言和。几年后，他还成为了洛克菲勒属下一个公司积极勤奋的董事。

洛克菲勒曾直言不讳地说："成功驯服这些傲慢的强驴，我的心都在跳舞。"而他之所以能做到这点，就是因为他的魄力，绝不让主动权流落在对手手里。同样，现商场，在激烈的竞争环境下，我们也要果断点，不可碍于面子，白白失去机会。

当然，即使是商业竞争，我们也要遵循一定的规则，不可违反道德和法律。为此，洛克菲勒曾经在他的自传里提过他昔日的劲敌——本森先生。当本森先生去世时，他比谁都难过，在他生前，他曾以玩笑的形式评价洛克菲勒："洛克菲勒先生，您是一个毫不手软而又完美的掠夺者，输给那些坏蛋，会让我非常难过，因为那就像遭遇了抢劫，但与您这种循规蹈矩的人交手，不管输赢，都会让人感到快乐。"当时洛克菲勒的回答是："本森先生，如果你能把掠夺者换成征服者，我想我会乐意接受的。"

从本森的话中，我们能听出来，洛克菲勒是有原则的征服者，"一个优秀的指挥官，不会攻打与他无关的碉堡，而是要全力摧毁那个足以攻陷全城的碉堡。"这就是他的原则，他的"循规蹈矩"，让他彻底征服了那些竞争对手。

第08章
商场沉浮，业绩是最好的证明

洛克菲勒曾明确表示，竞争中，如果有谁在背后搞鬼而没有被发现，他即使能获得暂时性的竞争优势，他也是不道德的、邪恶的，这种行为会使得他失去别人的尊重，最终也会被昭告天下，甚至有可能会承担法律的责任。那么，他将会永远失去竞争的机会。

他强调，在商业竞争中一定要讲究规矩，因为规矩可以创造关系，关系会带来长久的业务，好的交易会创造更多的交易，否则，我们将提前结束我们的好运。

生活中的人们，在商业竞争中，也要做到，即使赢，也要赢得漂亮，赢得光明，赢得体面。当然，竞争中的胜利者都是有实力的。在投身竞争前，你最好要做的就是努力积累实力，拐杖不能取代强健有力的双脚，我们要靠自己的双脚站起来，如果你的脚不够强壮，不能支持你，你不是放弃和认输，而是应该努力去磨炼、强化、发展双脚，让它们发挥力量。很多年轻人羡慕的篮球明星姚明就是这样做的。

总的来说，一个人要想在商业竞争中取得胜利，要注意几点：第一，要有竞争意识；第二，有强有力的竞争实力；第三，要讲规矩，不能违背良心和原则，即使输了，唯一该做的就是光明磊落的去输；第四，要保持警觉，当你不断地看到对手想削弱你的时候，那就是竞争的开始。

商务谈判，不可为面子损失利益

现代社会，各行各业竞争日益激烈，尤其是在商业领域，竞争手段层出不穷，在多次的人际交往和博弈后，人们还是发现，公平合作远比相互欺诈获得的利益更大，但即便如此，我们依然要明白，竞争是残酷的，业绩才是王道。然而，我们发现，在商务谈判中，一些人为了有面子，在谈判中一再让步，最后损失了利益，其实是得不偿失的。

的确，任何一个深谙谈判技巧的人都明白，如果你的实力较弱却十分看重面子的话，那么，在激烈的角逐中难免会遭受重创；而假如你有一定的实力，那么，为了所谓的面子，你也有可能无法取得圆满的胜利。这时，即便你赢得了胜利，这种胜利也是以惨烈的牺牲为代价的。从经济学的角度看，这样的胜利未免有点得不偿失。因此，从纯粹利益的角度看，如果为了面子而失去利益，那么，这种面子不要也罢。

石油大王洛克菲勒曾有过这样一个创业故事：

那时的洛克菲勒正开始创业，资金不足，他的合伙人克拉克是个聪明的人，他想到了一个办法——拉当地的一个富人加德纳，此人曾是克拉克的同，这样，资金问题就解决了。然而，加德纳并不是无条件的，他的要求让洛克菲勒感到莫大的屈辱，因为他要将公司按照自己的名字来命名——克拉克—洛克菲勒公司。

第08章
商场沉浮，业绩是最好的证明

洛克菲勒感到很受伤，但他忍住了，并且告诉克拉克没什么，事实上，他觉得自己的人格受到了侮辱，但是他知道要起步就必须有足够的资金，所以他忍住了。

当然，最后他们并没有长期合作下去，这家公司后来更名洛克菲勒-安德鲁斯公司，洛克菲勒也因此成为了富人。

安德鲁斯是洛克菲勒新的合伙人，不过，洛克菲勒很快发现，他就是个贪得无厌、目光短浅的人，最后他们也分道扬镳了，他们的分散是因为一次分红。

这一年，他们一起赚了很多钱，洛克菲勒希望能抽调出盈利中的一部分拿来开发新的生意，但是安德鲁斯却希望把自己的钱全部拿回家，洛克菲勒也就尊重他的选择。安德鲁斯以为自己交了好运，因为他确实挣到了一大笔钱。然而，就当洛克菲勒用自己的分红一转手又挣到一笔钱后，他竟然骂洛克菲勒卑鄙，对此，洛克菲勒保持了沉默。

从洛克菲勒的这段经历中，我们或许能明白一个道理：商场打拼，没有永远的朋友，也没有永远的敌人，只有永远的利益。然而，我们却发现一些年轻人，他们在与他人打交道，尤其是商务谈判中，太过顾及面子而让自己陷入进退两难的地步，甚至让子损失惨重。的确，中国人素来最爱面子，"要面子"并没有什么错，从某种程度看，它是人类的优点，这是知廉耻、懂礼仪、求上进的表现，但如果"死要面子"，那么，就必然会走向极端，甚至会让你失去人生中的重要机遇。而那些智慧的人却能客观对待面子，在机遇面前，他们懂得舍小求大，放下了所谓的"面子"，从而为自己争取到了更大的利益。可以说，抛开面子，是一种选择的策略，更是一种智慧。

爱面子之心，人皆有之，每个人活在这个世界上，都渴望能够得到别人的尊重，都希望自己在别人面前能有面子。面子的重要性是不言而喻的。但为了面子而输掉利益的方法是不可取的。相反，如果我们能舍得丢掉面子，就会勇于做他人看来不会做之事，就会付出比他人更多的努力，那么，最终，你也会成就一番他人无法企及的事业。

与下属常沟通，并不会有失身份

现代企业，领导者要想搞好工作，就必须要有员工和下属的配合，就必须和他们搞好关系，但作为领导者都知道，这种关系并不是"亲密无间"的，而是建立在恰当的合作基础上的，因此，他们都知道，要与下属保持一定的心理距离，这样做的重要的好处在于，维护自己的权威，方便自己开展工作。为此，不少领导者拒绝与下属沟通，在工作中也是采取命令的方式。其实，上下级之间的沟通尤为重要，因为每个人都渴望获得他人的尊重认可，这一点，无论是国家元首还是流浪汉、乞丐都无一例外。同样，作为现代企业和组织的员工们，也希望能通过平等的交流获得上级和领导者的认同。

在沃尔玛公司，高层领导十分看重基层员工，也十分重视他们的意见。随着沃尔玛公司的不断扩大，也从未停止倾听他们的意见。

沃尔玛坚持"门户开放"政策，也就是，只要在公司，无论是什么时间、地点，员工都可以发言，且不限制形式，可以是口头的，也可以是书面的，且沟通的对象可以是公司管理人士，也可以是总裁，提出自己的建议和关心的事情，包括投诉受到不公平的待遇。公司保证提供机会讨论员工们的意见，对于一些可行性的建议，公司会积极采纳并用来管理公司。

沃尔玛公司的董事长沃尔顿先生也是个广纳他人意见的人，对于员工的建议，他总是很耐心地听对方把话说完，如果情况属实，或者对方的意见正确，那么，他就会认真解决与之有关的问题。同时，他要求公司每一位经理人员认真贯彻公司的这一思想，并要付诸行动，而不是做表面工作。

沃尔玛十分注重公司的人文文化和对员工的精神嘉奖，总部和各个商店的橱窗中，都悬挂着先进员工的照片。公司还对特别优秀的管理人员，授予"山姆·沃尔顿企业家"的称号。

沃尔顿一直坚持在公司，要将员工看作是"合伙人"。沃尔玛公司拥有个美最大的股东大会，每次开会，沃尔玛都要求有尽可能多的部门经理和员工参加，让他们看到公司的全貌，了解公司的理念、制度、成绩和问题，做到心中有数。

每次股东大会结束后，沃尔顿都会邀请所有出席大会的员工约2500人到自己家里来举办野餐会。在野餐会上，沃尔顿与众多不同层次的员工聊天，大家畅所欲言，交流对工作的看法，提出对公司的建议，讨论公司的现状和未来。每次股东大会结束后，被邀请的员工和没有参加的员工都会看到会议的录像，而且公司的刊物《沃尔玛世界》也会对股东大会的情况进行详细的报道，让每个员工都能了解到大会的每一个细节，做到对公司确实全面的了解。沃尔顿说："我想通过这样的方式使我们团结得更紧密，使大家亲如一家，并为共同的目标而奋斗！"

沃尔玛正是这种视员工为合伙人的平等精神，造就了沃尔玛员工对公司的强烈认同和主人翁精神。在同行业中，沃尔玛的工资不是最高的，但他的员工却以在沃尔玛工作为快乐，因为他们在沃尔玛是合伙人。

作为现代企业的领导者，也应当看到交流在沟通工作中的重要性，那么，我们又该怎样保证与员工平等交流呢？

1. 经常关心员工

任何一个员工，都对那些亲切的领导表示好感，并愿意支持他们。为此，为了和下属保持融洽的关系，作为领导，在日常工作中，当下属有困难时，应主动问讯。对力所能及的事应尽力帮忙。当然，在工作中，领导者要对不同工作能力的员工给予不同的帮助。

比如，在任务的布置上，不同的对象，应该采取不同的沟通方式，对于那些聪明、善于领会领导意图并有很强的工作能力的下属，管理者不需要进行很详细的工作交代，而需要多倾听他们对工作的看法、建议即可，而在工作执行的过程中，在他们遇到困难时，应给予答复，提高他们的主动性和自信心，以提高工作效率；而对于领悟能力和实践能力不强的下属，管理者不能简单行事，交代任务后就完全不管不顾，甚至期待有好的结果出现，这样往往事与愿违。对于这样的下属，领导者应该传递自己的想法，而不能期望他们在意见和方法上有多少建树。

2. 沟通也要保持一定距离

通用公司总裁斯通正是因为这一点，才在工作中与员工和下属保持一定距离，尤其在对待中高层管理者上更是如此。

在工作场合和待遇问题上，斯通从不吝啬对下属们的关爱，但在工余时间，他从不要求管理人员到家做客，也从不接受他们的邀请。正是这种保持适度距离的管理，使得斯通的各项业务能够芝麻开花节节高。

的确，作为管理者，与员工保持一定的距离，既不会使你高高在上，也不会使你与员工互相混淆身份。这是管理的一种最佳状态。

总之，作为一个领导，要有较强的沟通意识，并做到积极开通顺畅的沟通渠道,这样,并不会失去面子,反而更有利于工作的展开。

给下属说话的机会,耐心听取他们的心声

作为领导者都知道,与下属沟通,会为你捕捉到许多有价值的信息,而这些信息将决定你是否能较好地管理下属。

在日常工作中,说话是一个传递信息的过程,而与下属沟通,能帮你捕捉到很多有价值的信息,而这些信息将决定你是否能较好地管理下属和开展工作,这就是沟通的重要性,然而,沟通并不是"一言堂",而是双向的,只有也给下属说话的机会,耐心听取他们的心声,才能与对方建立有效的沟通。但是,有的领导自恃自己无所不能,所以在很多场合说话,就刚愎自用,甚至目中无人,丝毫不理会他人的想法。他们习惯在公共场合说大话,表现得极其自负,这样的领导者,没有办法捕获到有价值的信息,也无法与他人之间建立有效的沟通。

在管理工作中,领导者是否能倾听员工的心声也关系到员工积极性是否能被激发。可想而知,一个人的思想若出了问题,还怎么能卓越地完成任务呢?因此,作为管理者,要经常与员工沟通,一旦发现问题,就应耐心地去听取他们的心声,

第08章
商场沉浮，业绩是最好的证明

找出问题的症结，解决他们的问题或耐心开导，才能有助于管理目标的实现。

在我们的工作中，不少领导者有强势作风，这对于果断、迅速地解决问题是有帮助的，但另一方面也会使管理人员听不进去他人意见而导致一意孤行甚至导致决策失误。

许先生是一位小型杂志社的社长，他不管是什么场合都喜欢装腔作势，有时候甚至故意地降低自己的声调来表现庄重的样子。平日他总是到处吹嘘自己无所不知，这种姿态让人觉得他好像在做自我宣传。许多下属发现他说错了话，会小心地指出其错误，可许先生从来不听，也不愿意接受，他固执地坚持自己的想法。

在杂志社的每次例行会议上，他都故意装腔作势，夹着很多的暗示性话语或英语来发表高见，但是他还是得不到别人的认同。他所出版的刊物，总是被人批评为现学现卖、肤浅的杂学之流，这是因为他对任何事都喜欢进行评判。当他一开口说话，下面的员工就说："天啊！他又要开始了。"然后便十分痛苦地忍着，听他大放厥词。

本来许先生什么都不知道，却硬是装出一副什么都知道的样子，当然会被人看作是虚张声势的伪君子。更要命的是，这样一个不懂装懂的人，却拒绝倾听下属的意见，如此之人，自然无法让下属信服。

领导说话切忌刚愎自用、目中无人，这样只会把自己陷入孤立无援的境地。人们常说，"一山还有一山高""强中自有强中手",不要过分的自负,那样只是给自己的生活酿造了一枚苦果,最终自食其果。领导说话,不要目空一切,要慎重地对待每一个人的想法和观点,不能只看重自己的能力,而不去详细分析别人的情况,就妄加猜测说"不足为虑",这样只会导致自己因为大意而失败。

为此,领导者需要注意几点:

1. 常听兼听

大多数领导习惯了唯唯诺诺之声、赞美之声,而对于下属的心声却是置若罔闻。有的领导对下属只是敷衍应付,听意见也是做做样子,这样无疑会破坏上下级之间的有效沟通。所以,对于领导者来说,只有常听、兼听,才能对某些事情有较为完整、科学的认识,从而做出正确的决策,而且,还需要多听刺耳逆耳之言,少听唯唯诺诺之声。

2. 与下属多交流、多沟通

俗话说:"知屋漏者在宇下,知政失者在草野。"倾听下属的心声,就需要多与下属接触。如果领导长期足不出户、端坐在办公室,就可能没有时间、没有心思去听下属在想什么。在日常工作中,领导应多与下属亲近,与下属打成一片,推心置腹,才能真正"听"出他们的呼声与愿望,发现其工作中的不足,进而加以改善。

3. 宽容对待犯错误的员工

一般来说,没有员工是故意犯错而希望得到上级的批评的，因此，对待犯错误的员工，不要一味地责备，而应该给予他们解释的机会，只有了解具体情况后，才能对他们对症下药，妥善处理。

4. 信守每一个对员工许下的诺言

作为领导者，可能你日理万机，也许你已经不记得曾经答应过某个员工某件事，或者你觉得这件事对于你来说根本不重要，但员工会记住管理者答应他们的每一件事。身为领导者，你的一言一行都会对他人产生或轻或重的影响，如果许下了诺言，就应该对之负责。如果你不能实现这一诺言，那你必须要向员工解释清楚。如果没有或者不明确地表达变化的原因，员工会认为管理者食言，如果这种情况经常发生的话，员工就会失去对你的信任。

5. 给员工发挥意见的机会

实际上，这也是领导者尊重员工的一种体现。你要把员工当成企业的一分子，在企业决策上，也应该征询他们的意见，倾听员工的疑问，并针对这些意见和疑问提出自己的看法，什么是可以接受的？什么是不能接受的？为什么？如果你遇到了困难，那么，你应该告诉员工，你需要他的帮助。

第 09 章

学会服软和低头，才能经营出好的爱情

有人说，爱情是一场征服的过程，让对方低头，就能证明自己被爱多一点，但其实，爱情和婚姻里，讲的不是道理，而是情，无论男女，我们在爱人面前，都不可趾高气扬，恨不得让人人都知道对方更爱自己，其实有这样想法的人犯了很大错误，让对方更爱自己，就要学会服软，给足对方面子。为爱服软，也不是丢面子的事，只有学会服软和低头，才能经营出好的爱情。

大胆表达出你的爱，爱情比面子重要

自古以来，"爱情"都是人们谈论的话题，由此成就了无数个凄婉哀怨让人断魂的爱情经典。那些美丽的爱情经典故事常常为我们津津乐道。的确，谁都渴望美好的爱情，都希望找一个能与自己相互扶持的另一半。然而，并不是每个人都有勇气大胆追求爱情，尤其是女性，一直以来，在爱情的世界里，很多女人都显得太过矜持，她们害怕被拒绝而失去面子，因此总希望男人都主动发出爱的信号，总认为女人就应该站在原地，就应该让男人主动走过来告诉她"我爱你。"在他们看来，主动表达爱是一件没面子的事，总认为一旦自己主动了就失去了控制权，就在这一套没有任何事实依据的爱情理论面前，很多女人左右观望、左等右盼，最终的结果是让爱人离自己远去。

事实上，在幸福面前，无论性别，我们每个人都应该大胆点、勇敢点，大胆地说出内心的感受，只有这样，才不会留下遗憾。

陈旭和小樱是一对人人羡慕的情侣，谈起他们的相识和相爱，还有一段曲折离奇的故事。

陈旭当时在北京的一家公司上班。小樱正是因为面试才认

第09章
学会服软和低头，才能经营出好的爱情

识的陈旭，虽然面试没有成功，但却和陈旭成了好朋友。你来我往间，情愫渐生。

小樱毕业后，陈旭已经不在北京上班了，而此时的小樱夏也没有在北京找工作的打算，后来，通过联系才得知，陈旭居然去了自己老家的一家公司，于是，小樱头脑一热，也回去了，见面成了自然而然的事情。

第一次正式约会那天非常热，小樱的方位感很差，直到上完大学，仍然只知道左右而不了解东南西北，通着电话，却彼此找不到对方。在相约见面的地方迂回了1个小时后，终于胜利"会师"。但是此时小樱已经晕头转向、气急攻心并且有严重的中暑倾向，见到陈旭以后，也不管是不是第一次约会，也顾不得什么矜持不矜持了，她对陈旭说："我快休克了，英雄能不能先借我肩膀用一下。"陈旭先是愣了一下，然后扶着小樱走进一家快餐店解暑。

从此以后，王子和公主开始了幸福的生活。过了很长时间，陈旭很纳闷地问为什么第一次见面就借肩膀。小樱告诉他："当你还距离我150米的时候，我已经快晕倒了，最近看的武侠小说比较多，所以顺口就说出来了，幸亏你没有被我吓跑。"

这个故事中，我们发现，小樱就是一个敢于大胆主动追求爱情的女孩，毕业以后的她，为了自己的爱人，主动来到陈旭生活的城市，并且，在约会时，她也是大大咧咧，直接表达了自己的感受，她的一番幽默的话，体现了她的大方，让她赢得了爱情。

不错，一般情况下，在恋爱初期，一般都是男人主动发出求爱攻势，女人选择接受或者不接受爱。然而，并不是所有的男人都是大胆的，有些男人比女人更羞怯，也有一些男人是性格豪放但同时也是粗心的，他们根本不懂得女人的心思，你一味地矜持只会让他觉得你并未中意于他，最终他们很可能因为你的态度而放弃这段感情。因此，如果你想获得幸福，不妨放下不好意思的面子心理吧，有爱就要说出口。

有一个年轻人，长相帅气，为人厚道，但就是有个缺点，做事优柔寡断，就连追女孩子也是如此。

一天，他很想到他的爱人家中去，找他的爱人出来，一块儿消磨一个下午。但是，他又担心，不知道他应该不应该去，恐怕去了之后，或者显得太冒昧，或者他的爱人太忙，拒绝他的邀请，但是不去按门铃吧，他又很想念他的爱人，于是他左右为难了老半天，最后，他勉强下了决心去了。但是，当车一进他爱人住的巷子时，他就开始后悔不该来：既怕这次来了不受欢迎，又怕被爱人拒绝，他甚至希望司机把他现在就拉回去。车子终于停在他爱人家的门前了，他虽然后悔来，但既然来了，只得伸手去按门铃，现在他只好希望来开门的人告诉人说："小姐不在家。"他按了第一下门铃，等了3分钟，没有人答应。他勉强自己再按第二次，又等了2分钟，仍然没有答应，于是他如释重负地想："全家都出去了。"

第 09 章
学会服软和低头，才能经营出好的爱情

于是他带着一半轻松和一半失望回去，心里想，这样也好，但事实上，他很难过，因为这一个下午没有安排了。

事实上，他万万没有想到的是，他的爱人，原本就在家里，这个女孩从早晨就盼望这位先生会突然来找他，带她出去消磨一个下午，她不知道他曾经来过，因为她家门上的电铃坏了。

故事中，这个年轻人如果不是那么患得患失、瞻前顾后，如果他像别人有事来访一样，按电铃没人应声，就用手拍门试试看的话，他们就会有一个快乐的下午了，但是他并没有下定决心，所以他只好徒劳往返，让他的爱人也暗中失望。

事实上，从人的内心角度看，人们都希望自己爱的人主动对自己表达，并认为只有这样，才能把握爱情中的主动权，而如果我们一味地坚持所谓的矜持，那么，只能白白让爱蹉跎，甚至离自己而去。总之，在爱情的世界里，无论男女，作为我们每一个人，都要遵循自己内心的想法，对于自己爱的人，一定要大胆地告诉他："我爱你！"

的确，处于新时代的每一个人，无论男女，都应该有大胆追求爱情的勇气，都应该敢爱敢恨，试想一下，当他日你与爱人一起偎依在夕阳下的时候，也许你会发现，正是你当初的那一脑子热血，才让你没有错失一份美好的爱情！

不能承受的"爱",要果断拒绝

拒绝别人或被别人拒绝,是我们每个人一生中每天都可能经历的事情。这是人生中的非常真实的一面,谁都会遇到,在感情中也是如此,不少人可能遇到过一种比较尴尬的局面:经常会遇到不喜欢的人的求爱。此时,如果对对方没有好感,自然是要拒绝的。不过,一定要选择正确的拒绝方式,以免让求爱者下不了台。毕竟,喜欢一个人并不是谁的错,虽然做不成恋人,但是成为一对好朋友还是有可能的,也是有必要的。

小米是个非常漂亮的女孩,她不但人长得漂亮,而且擅长收拾打扮,因此气质非常好。当她第一次来到公司应聘财务总监的时候,总经理王凯的心就被她牢牢地征服了。

自从上班的第一天,王凯总是有意无意地接近小米。有时候借谈工作的时候跟她套近乎,有时候借着应酬的名义约她出去吃饭。由于是自己的领导,又不好直接拒绝,所以小米在与他接触的同时,总是小心翼翼地和他保持着距离。

一次,王凯将小米约出去一起吃饭。当小米出现在预订的酒店里的时候,他悄悄地把事先预备好的玫瑰花捧到了小米的面前。事实上,这段时间以来,小米已经有所察觉,她微笑着说:"王总,这是什么意思啊?"

王凯深情地注视着小米说:"小米,我喜欢你,自打我第一次见你的时候,就深深地喜欢上了你。答应我,做我的女朋友吧。"

小米微笑着说:"谢谢王总的厚爱,您是大老板,又那么有本事,怎么可能喜欢上我这个打工妹呢?"

王凯惊讶地说:"我就是喜欢你,是真心的。"

小米真诚地说:"我现在什么也没有,只是每个月在你这里拿着微薄的工资来糊口,根本配不上王总。"

王凯痴情地说:"我不在乎,相信我一定能给你幸福。"

小米笑着说:"但是我在乎,我知道自己有几斤几两,根本不敢高攀。"

那一天,王总是非常郁闷。他自以为是地相信,以自己的经济实力、自己的人品一定能赢得小米的芳心,然而最终却遭到了拒绝。

于是,在之后的日子里,他总是有事没事地跑到小米的办公室里闲逛,可是每次他来之后,小米都会把办公室的门打开,不给他任何机会,说话的时候也故意声音很大。在他们独处的时候,她总会刻意地让第三个人在场。

这样,王凯就根本没有任何机会了。有时候他叫着小米去应酬,小米也以各种理由拒绝。慢慢地,王凯知道,小米是不可能喜欢上他的,也就放弃了。

故事里的王凯总是借着自己是领导,以各种理由来接近自己喜欢的员工小米。小米尽管心里很反感,但是她却巧妙地拒绝了王凯。不但保住了自己的工作,而且还保住了自己的婚姻。

可见，如果遇到异性求爱，在拒绝对方时一定要注意方式方法，既能不受委屈，又能巧妙地让对方知难而退，那么，如何做到这一点呢？

1. 照顾对方的面子

在这一问题上，我们既要使自己掌握主动，进退自如，又能给对方留足"面子"，搭好台阶，使双方都免受尴尬之苦。

张小姐长得十分美艳，某客户一直对她十分垂涎。一天，客户又来到张小姐的公司，对她纠缠不休，因为该客户是公司重要合作伙伴，所以张小姐不敢得罪他。她灵机一动，笑吟吟地对客户说："王总，要不待会儿我们三个人去拳击馆玩玩吧。"客户一愣："拳击馆？我、你还有谁啊？"王小姐神秘地说："我男朋友啊，他可是去年的业余拳击比赛冠军呢，而且是个喝酒外行、喝醋内行的家伙。"客户一听，愣了，说："那你们去玩吧，我今天还有事。"说完，就灰溜溜地走了。

张小姐利用幽默，既委婉地拒绝了客户的骚扰，又保住了客户的面子和自己的尊严，试想，如果她当时严词拒绝或者委曲求全，结果都不会太好。她用幽默显示了自己的态度和智慧，同时软中带硬，让客户知难而退，达到了避免其再来纠缠的目的。

2. 委婉暗示

直接拒绝别人的话总是不好说出口，但拒绝的话又经常不

第09章
学会服软和低头，才能经营出好的爱情

得不说出口。这时不妨用暗示法来拒绝，抹去对方遭到拒绝时的不愉快感，对方既能接受，也不伤和气，更不至于令对方难堪、丢脸。

小敏是一位十分漂亮的姑娘，周围经常有很多的追求者，她对这些追求者都没有兴趣，当面对一些男子的求爱时，她都婉言表示拒绝。比如，她在拒绝一个小伙子的追求时这样说道："我听朋友们说你的人品很好，既能孝顺老人，对朋友也是十分的热心，通过这些日子和你的接触，证明他们所言不虚。能够和您作为朋友，我感到非常的开心。如果我们能早一点认识就好了，哪怕是早上那么一个星期呢，我们的关系都可以继续发展，而且不是一般朋友的关系。您是一位聪明的人，是善解人意的。我知道在我说这句话的时候内心里也有着很大的遗憾和说不出的苦衷，请您一定要体谅我现在的处境，让我们永远做好朋友吧！"把话说到了这个份上，那个小伙子就很知趣地不再纠缠她了，并且对她的善解人意钦佩不已。

案例中的小敏的这一番话，既清晰明了地拒绝了对方的追求，又委婉含蓄，让对方不得不钦佩。

总的来说，相对于其他类型的拒绝而言，拒绝异性求爱的难度更大，无论运用哪种方式的拒绝，我们需要注意的是一定要坚决表明态度，不可模棱两可，让对方误解，造成不必要的误会。

为爱服软,不是丢面子的事

有人说,婚姻是两个人的舞蹈,关键是怎么跳才和谐。若一方只知道迈着自己独特的舞步,那么另一方就会因为跟不上而逃避。既然婚姻是两个人的舞蹈,那么再忙也要每天坚持跳上一段。只有两个人不断地磨合和练习,互相习惯对方的舞姿,婚姻才能达到默契。其实,无论男女,都不要在爱人面前过于强势,学会向自己心爱的人服软并不丢人。

要知道,当今社会,每个人都是吃软不吃硬,在某种情况下,用强硬的态度"命令"对方如何做,很可能会让对方产生对抗心理。相反,如果能巧妙服软,关键时刻向对方主动示弱,很容易打动男人内心。这也是男女方热恋中,一种有效的沟通方式。

一次,女王维多利亚忙于接见王公,却把她的丈夫阿尔倍托冷落在一边。丈夫很生气,就悄悄回到卧室。不久有人敲门。丈夫问:"谁?"回答:"我是女王。"门没有开,女士又敲门。房内又问:"谁?"女王和气地说:"维多利亚。"可是门依然紧闭。女王气急,但想想还是要回去。于是再敲门,并婉和地回答:"你的妻子。"结果,丈夫马上笑着打开了房门。

维多利亚女王是个很伟大的女性,可是她在丈夫面前只是一个妻子,她和她的丈夫是平等的。

我们都知道,女人较之男人来说,感情更为细腻、敏感,

第09章
学会服软和低头，才能经营出好的爱情

这也正是吸引男性的地方之一。所以作为女人，一定要懂得服软，学会说些"软话"，并要善于运用你的表情和语调，来增强说服男性的效果。

丹丹生长于一个富贵之家，父母的宠爱让她养成了娇惯任性的坏习惯。与男友恋爱时，最初她还会多少有些收敛，时间一长，小毛病就又露出来。与男友在一起，她总喜欢控制男友，美其名曰关心对方，其实，她就是想掌握他的一切行踪。为此，她要求男友时刻汇报自己在什么地方，干什么，都与什么人联系。刚开始时，面对女友的要求，男友张峰还能耐心地服从，日子一久，自然谁都会烦。

一天，当丹丹再次盘问起张峰的行踪时，隐忍已久的他终于暴怒了，随口吼道："你每天烦不烦啊，我是一个自由人，不是你们家买来的犯人，能不能给我点生存的空间，这还没结婚呢！"

看到男友的反抗，丹丹有那么几秒钟的失神，因为她从来没有见过张峰发火的样子。回过神后，丹丹觉得面子无光，从小到大她哪里受过这种窝囊气，随口嚷道："有能耐了是吧，你早怎么不这样啊，要不是我们家帮助你，你能有今天？有本事你爱走多远走多远！"听了这话，张峰心中原本还有的内疚感，立时烟消云散。顿时反讥道："原来我在你心中一直是这个样，无论我再怎么努力，也不可能讨得你们家的欢心，老子还不伺候了。"说着，张峰摔门而去，想想往昔种种，他真后悔

当初为什么要跟这种富家千金沾染上,自己恋爱后,哪里有一丝尊严。思来想去,他暗下决定,明天一定要与她分手。

在这个案例中,丹丹因为总想掌握男友的一举一动引来一番争执,两人互不相让,最终闹得想分手。其实,相恋中的男女过分关注对方,是正常的事情。然而,如果事无巨细地总这样要求对方,势必会引起对方的反感。面对张峰的反抗,如果丹丹能够主动示软,告诉他自己其实是害怕失去他,才做出这种举动,相信再铁石心肠的男人听了,都会原谅她的过分行为。

其实,爱情原本就是个吃软不吃硬的东西,即使你身强百倍,能言善辩,对它威逼、利诱、穷追猛打……到头来,未必能让对方心悦诚服。相反,女人如果能够温柔的呵护,用柔软的方式来应对,效果也就大不相同。

那么,爱情中,我们该怎样说软话呢?

1. 放下身段,主动示爱

在爱情的世界里,很多人,尤其是一些女性显得太过矜持,她们总希望男人都主动发出爱的信号,总认为女人主动表达爱是一件没面子的事,总认为一旦自己主动了就失去了控制权。就在这一套没有任何事实依据的爱情理论面前,很多女人左右观望、左等右盼,最终的结果是让爱人离自己远去。事实上,在幸福面前,无论性别,我们每个人都应该大胆点、勇敢点,大胆地说出内心的感受,只有这样,才不会留下遗憾。

事实上,并不是所有男人都敢于主动追求女孩,他虽然外表高大，却很可能是一个保守而又内向的人。也许，他在心里对你暗暗的喜欢，却不敢表达。如果你喜欢上了这样一个内向的男孩，那么不要沉默，使得一份美丽的恋情没有开始的理由，大胆的开口，让他知道你的心里话。同时，人们说："女追男隔层纱"，懂得先服软，可能收获的就是一份真挚的爱情。

2. 懂得示弱

比如，当你在工作中或是生活上遇到了不能解决的问题，你便可以让对方来解决，对此，你可以这样说："我听说你在这方面很在行，你可不可以帮我看看，我这份策划还有什么不完美的地方？"另外，在这样的你来我往与交流中，很容易碰撞出爱情的火花。

3. 说话要给对方面子

在和爱人说话的时候，有些人像吃了"枪药"似的伤人，丝毫不给对方面子。这样，又怎会得到对方的爱呢？

一位生物系的女孩和一位中文系的男生相恋了。两人漫步在林荫道上，小伙子兴致勃勃地念了两句诗："春蚕到死丝方尽，蜡炬成灰泪始干。"他得意之时，姑娘则冷冰冰地说："真可笑！春蚕吐丝作成茧，变成蛹后飞出蛾，它怎么死了呢？"小伙子顿时不快，回敬道："这是古诗，是李商隐的绝作！""那李诗人也是无知。"两人论战得不分上下，最后不欢而散，分道而行。

本来，小伙子吟诗是信手拈来，略带转文之意。而女孩却不分语言环境和情绪气氛，语言傲慢且偏激似是讥讽男友，大大地伤了男孩的自尊心和感情。

可见，在爱情里，在说话的时候，有些话切莫直说，把话说软些，自然中听得多。

总之，无论男女，都不要在爱人面前显示你的强势，甚至大声地斥责对方。学会说"软话"，他自会乖乖成为你的俘虏。

眼泪攻势，会"哭"的女人楚楚动人

相信生活中绝大部分女人多看到过这样的场景：恋爱双方还因为一件小事闹别扭，女孩撅着嘴往前冲，男孩一次又一次把她拉到自己面前，解释着什么。女孩始终不理，男孩转过身恨恨地说了一句，女孩突然就眼泪汪汪地哭了起来。男孩慌了，一边忙着拿纸巾，一边喋喋不休地劝着。最后，男孩一定会把她哄到破涕为笑，哭过的感情会更深。从这里，我们可以发现一点，眼泪绝对是女人征服男人的一把有力的武器。我们也经常听到人们用"梨花带雨"来形容人哭泣时候的场景，就像《橘子红了》里的三太太一边说："六爷，我不是那个意思……"一边周迅那晶莹剔透的大眼睛扑簌簌泪雨纷纷，直看得电视机前的男人们心疼得扼腕叹息。

第 09 章
学会服软和低头，才能经营出好的爱情

聪明的女人往往会把哭这一招用到极致，在男权占上风的社会里，流泪让她们战无不胜。单位有个出国名额，你会哭吗？那就是你了，别人谁也争不过你；单位同事争执，你敢到领导那里哭诉吗？那就别管什么理不理的，你的眼泪就是理。

男人说："我很丑，可是我很温柔"，女人的心就会被那一丝温柔拂动，轻起波澜。温柔的男人像早春的阳光，有着微微的暖意，有热量却不会灼伤他人，无比舒服地熨烫着女人多感的心。如今女人们也学会了说："我不美，可是我会流眼泪"。快乐的女人，男人愿意和她做朋友，一起工作，一起谈心。而流泪的女人，不用说一句话，只要一滴泪珠，就会激起大男人的保护欲，就会引发男人为她抛头颅洒热血的冲动。怜香惜玉是男人值得表彰的天性，会哭的女人是一种可爱的动物，不管美丑，女人只要会哭，总能从男人那里得到保护和怜惜。

已为人妻人母的小白，现在比从前更有一番娇美的风韵。提起婚姻，挡不住满脸幸福的小白说，其实自己的婚姻生活也曾出现过问题。

可用小白的话来说，就是因为自己"傻"，所以从没有失去丈夫的疼爱。新婚燕尔时，丈夫自然陪伴自己多一些，这让同住一起的婆婆很是不满。所以只要丈夫不在家，婆婆就指使小白干这干那，就怕小白歇着，而等自己儿子一回家，婆婆就开始干活，累得一会儿说这里疼，一会儿说那里不舒服，让儿子忙里忙外照顾她。她还到儿子那里告儿媳的状，说她就知道

照顾孩子,不懂得孝敬老人。

面对这一切,小白从没有吭过一声,她白天笑脸对着婆婆,尽心做家务,夜晚却躲在丈夫的怀里偷偷哭泣。其实,摸着小白粗糙的手,丈夫怎能不知道小白的苦。

小白就是这样最终赢得了婆婆的接受和丈夫的疼爱。

这里,妻子小白可以说就如同一个秘书一样,为了不让自己的丈夫难做、在事业上分心,她选择以沉默和忍受来接受婆婆的冷眼。同时,她用娇羞和眼泪赢得了丈夫的疼爱,这绝对是令男人怜惜到心底的法宝。默默流泪比号啕大哭更能打动丈夫的心。其实,能让老公说自己"傻"的女人是最幸福的女人。美满婚姻需要女人不断调剂,热情时骄阳似火,让爱人情不自禁;而柔弱如蓓蕾初绽,更令人怦然心动。

因此,生活中的女人们,不要再认为会哭的女人是软弱的,也不要再故作坚强了,在男人面前,如果你想攻克他的心防,如果你想展现自己的女人味,不妨尝试一下眼泪攻势吧,会哭的女人才是楚楚动人的,才能激发起男人的保护欲。

于是,就有人说,女人不美没关系,女人不会哭就太不可爱了,女人是水做的,哪个男人不喜欢如水一般的女人呢?所以,女人哭吧,哭成梨花带雨,用泪水让男人投降。作为女性,应当学会在合适的情况下展现自己的女人味,眼泪是一种手段。当然,这并不是说女人就应该动不动就泪眼婆娑,这只会让男人厌恶,凡事都有度,女人一定要学会把握。

第 10 章

认清自我，撕掉虚假的伪装

心理学家称，我们每个人都不应该过分苛刻地要求自己，更不要活在别人的眼光中，这正如但丁所说的："走自己的路，让别人去说吧。"如果你时时关注自己在他人眼中是否足够完美，时时在意虚伪的面子，那么，你最终会殚精竭虑、身心俱疲。其实，生活的目的在于发现美、创造美、享受美，我们只有先认清自我，撕掉虚伪的面子，才能善于发掘其他人的闪光点和长处，才能找到真正的美。

认清自己，别过分关注面子

人无完人，每个人都有缺点，爱面子是人的一大缺点之一，聪明的人善于认清自己，愚蠢的人关注自己的面子。生活中，有些人自以为自己完美、优秀、故步自封，看不到真正的自己；但有些人却能不断认识到自己的缺点和不足，并能不断地改正缺点，完善自己，从而使得自己不断变得完美，实现自己的价值！

人是世界上最聪明的动物，因为人类总是善于向他人学习，学习其先进之处，进而不断变得强大，最终能够掌控世界。但人类最大的弱点也就在于其过于聪明——看清别人，却不能认清自己。我们善于对事物的某些物理属性一目了然，也总是去追求事物的本质特征，而对自己的本来面目却认不清楚。这是因为我们通常喜欢用眼睛，而不是用心去看待、审视自己，一个人，只有认清自己内心真正想法，经常反躬内省，才能去善待他人。

可见，任何人都应该积极的去认识真正的自我，切不可被一些表象蒙蔽，更不能被成功冲昏了头脑，你自己以为得过很多奖项，取得过很多成就，应该受到所有人的追捧和喜爱，但事实往往并非如此，你永远有值得努力的方向。

第10章
认清自我，撕掉虚假的伪装

布思·塔金顿是20世纪美国著名小说家和剧作家，他的作品《伟大的安伯森斯》和《爱丽丝·亚当斯》均获得普利策奖。在塔金顿声明最鼎盛时期，他在多种场合讲述过这样一个故事：

那是在一个红十字会举办的艺术家作品展览会上，布思作为特邀的贵宾参加了展览会。其间，有两个可爱的十六七岁小女孩来到他面前，虔诚地向他索要签名。

"布思没带自来水笔，用铅笔可以吗？"布思其实知道她们不会拒绝，布思只是想表现一下一个著名作家谦和地对待普通读者的大家风范。

"当然可以。"小女孩们果然爽快地答应了，布思看得出她们很兴奋，当然她们的兴奋也使布思倍感欣慰。

一个女孩将她的非常精制的笔记本给布思，布思取出铅笔，潇洒自如地写上了几句鼓励的话语，并签上布思的名字。女孩看过布思的签名后，眉头皱了起来，她仔细看了看他，问道："你不是罗伯特·查波斯啊？"

"不是。"布思非常自负地告诉她，"我是布思·塔金顿，《爱丽丝·亚当斯》的作者，两次普利策奖获得者。"

小女孩将头转向另外一个女孩，耸耸肩说道："玛丽，把你的橡皮擦借布思用用。"

那一刻，布思所有的自负和骄傲瞬间化为泡影，从此以后，布思都时时刻刻告诫自己：无论自己多么出色，都别太把自己当回事。

的确，无论我们有什么样的成就，都不要太把自己当回事。如果你觉得自己功勋卓著、觉得自己伟大，那么，实际上，那是因为你的眼界小，你只在有限的一点点空间里做比较，一个真正伟大的人，应当能够看得高远，既知道自己在自己的小环境中所处的位置，也能知道在大环境下的处境。既能看到现在自己的成功或是不足，也能够预见未来自己的境遇和发展，这才是真正聪明的人所应该做的。

所以，任何人，无论你的现状如何，你都必须要做到反躬自省。缺点并不可怕，可怕的是因为面子而不去正视自己的缺点，也不去改正自己的缺点。当然，完善自己需要一个过程，印度谚语说："播种一种行为，收获一种习惯；播种一种习惯，收获一种性格；播种一种性格，收获一种命运。"行为变成了习惯，习惯养成了性格，性格决定了命运。原来命运的基石就是养成习惯的行为。在这之前，你一定要认识到自己的缺点并且正视它，才有可能改正它，并把改正不足和缺点当成一种习惯，一个好的习惯对我们的人生会产生很大的帮助，如果我们养成很多好习惯，那么在成功的路上就会一帆风顺、一往无前了。当然，如果你自己意识不到自己的缺点，就很可能让别人抓住你的缺点从而制服你。

一位很有学问的科学家得知死神正在寻找他，他很害怕，又不想死，便使用克隆技术复制出了十二个自己，想在死神面前以假乱真保住自己的性命。直到那一天，死神来了。死神大人面对十三个一模一样的人，一时分辨不出哪个才是真正的目标，只好悻悻离去。但是好景不长，没过多久死神又回来了，脸上微笑着，说："先生，您是个天才，能克隆得如此完美。但是很不幸，我还是发现了有一处瑕疵。"那位真正的科学家一听，便暴跳如雷地大叫："哪里有瑕疵？！我的技术是完美的！！"

"就是这里。"死神说道，他便抓住那个说话的人，把他带走了。

任何人最喜欢的都是自己，都觉得自己优秀，这并没有错。但是优秀与成功都并不是绝对的。作为在社会上摸爬滚打的我们，更是应该学会审时度势，正确的认知自己，摆正自己的位置，只有认清自己，才能找准自己的不足和优点，进而有针对性地弥补不足，发扬优点，赢得成功、不断完善的人生！

保持自我，才能不失本色

我们任何一个人都知道，人无完人，但对于自己，人们却不能以同样的心态面对，很多人爱面子的根本原因之一就是"把自己摆错了位置"，总要按照一个不切实际的计划生活，总是希望自己能成为他人眼中完美的人，于是，他们总要跟自己过不去，所以整天郁闷不乐。而内心强大的人明智地摆正了自己的位置，工作得心应手，生活有滋有味。因为他们懂得生活的艺术，知道适时进退，取舍得当。快乐把握在今天，而不是等待将来。事实上，我们每天可以做自己喜欢的事情，不在乎表面上的虚荣，凡事淡然，不苛求，那么，快乐、幸福就会常伴我们左右。

然而，遗憾的是，在这样一个讲究包装的现代社会里，人们常常禁不住羡慕别人美丽、光鲜的外表，从而对自己的某些欠缺自惭形秽，进而导致了内心的苛刻与紧张。其实，没有任何一个生命是完美无缺的，每个人都会缺少一些东西。

有位女士曾经这样坦言自己的一段心路历程：

"很小的时候，我就是一个羞涩、敏感的女孩，我身形肥胖、脸颊上很多肉，这让我显得很臃肿，我的母亲是个很古板的女人，在她看来，把衣服穿得很合适是一件愚蠢的事，这样也容易把衣服撑破，所以她一直让我穿那些宽大的衣服。

我很自卑，从来不敢参加任何朋友的聚会，在我身上也没发生过任何让我开心的事，同学们组织的活动我也不敢参加，甚至就连学校的运动会我也不去。我太害羞了，在我看来，我肯定是与别人不一样的。

在我成年后，我很顺利地结了婚，我的丈夫比我大几岁，但我还是无法改变自己。我丈夫一家子都很自信，我也一直想要和他们一样，但我根本做不到。他们也曾几次努力想要帮助我，但结果还是未能如愿，我变得更害羞了。我开始紧张易怒,不敢见任何朋友,甚至门铃一响我就紧张起来,我想我真是没救了,我怕丈夫察觉出来这个糟糕的我,我尽量装的开心一点,有时候还表现过火了,因为事情过后我都觉得自己累得虚脱了。最后,我开始怀疑自己是否应该继续活下去,于是,我想到了死亡。"

当然,这位女士并没有自杀,那么,是什么改变了她的想法呢?只是她偶然听到的一句话。

"改变我自己和我的生活状态的,只是偶然间我听到的一句话。这天,我和婆婆谈到了教育的问题,她谈到自己的教育方法:'无论我的孩子遇到什么,我都告诉他们要保持自我本色。'"

"保持自我本色"这简短的一句话就像一道光一样从我的脑海中闪过,我突然发现,原来在我看来所有的不幸都只是因为我把自己放置到某个模式中去了。

在听到这句话后,我瞬间发生改变了,我开始遵循着这句话生活,我努力认清自己的个性,找到自己的优点,我开始学会如何按照自己的喜好、身材去搭配衣服,以此穿出自己的品位。我开始主动走出去交朋友,我开始加入到一个小团体中,每次当大家叫我上台参加某个活动时,我都鼓足勇气,慢慢地我大胆了很多,这是一个长期的过程,但我确实发生了不少的变化。我想,当我以后教育我的子女时,我一定会告诉他们我的这一段经历,我希望他们能记住:"无论何时,都要保持自我本色。"

心理学家曾指出:"无法保持自我,这是我们全人类的问题。"事实上,不少人在心理和精神上的问题,追根究源,都是因为他们做不到保持自我,他们活在别人的眼光里,也许他们被荣誉和光环笼罩,但是他们内心的苦涩、累、害怕失败,只有他们自己知道,也许,他们失去更多的是一个人的真正的快乐。

还有一个故事:

有一个女孩,她一直想变成歌星,但她容貌不佳:嘴巴大,一口龅牙。在她第一次去酒吧驻唱的时候,她企图用她的上嘴唇去遮蔽自己的牙齿,好让自己看起来更漂亮一点,却弄巧成拙,她让自己变成了一个四不像,看样子,她只能失败。

幸好,在当天晚上,有一位男士看了她的演唱表演,认为她是个有歌唱天分的女孩,于是,他这样开导她:"我看了你的表演,我发现你想掩饰什么,你是不是觉得你的牙齿长得很难看?"女孩在听了这位男士的话后觉得很难为情,不过那个人并没有停止表达意见:"龅牙又怎么样?难道长了龅牙就犯罪了,别试图去掩饰它,大胆地开口唱歌吧,你越是表现得坦然,你的听众就越是喜欢你,再说,现在在你看来带给你耻辱的龅牙,也许有一天会成为你的财富呢!"

女孩接受了那位男士的建议,她再也不去想自己的龅牙有多丑的事,而是把自己的精力完全倾注到了唱歌上,她在唱歌的时候很开怀，就这样，在后来，她成了电台中走红的巨星，成为了别人模仿的对象。

诚然，现实生活中，我们不可能毫无限制地做真实的自我，毕竟，人们常说，做人不能太单纯，应该懂得适度伪装自己。同样，不懂做人"心机"的人不仅没有内涵，还没有成功的欲望，只能是明里吃亏，暗里受气，千疮百孔，一辈子翻不了身。但为了让自己的心灵释压，让自己快乐，你不妨放下伪装，做回真实的自己，你会发现，原来，你也可以不受束缚！

不要妄自菲薄，其实你已经很好

生活中，我们常说："人无完人"，这句话的意思是，人都是有不足的。但这并不代表我们一无是处，因此，我们大可不必因为别人比自己优秀而妄自菲薄，因为你已经很好了。哲人说得好，你听到的并不一定完全正确，也不要因为他人的议论而妄自菲薄，否则就会陷入自卑的"心灵监狱"。的确，我们发现，总是有一些人，他们除了拿自己的缺点与别人的优点相比外，他们还喜欢听那些不该信的话，然后，他们便看不清真正的自己、埋藏了自己的潜力，最终，他们变得自卑不堪。

其实，真正活出自我的人，都不会过分在意他人的评价，不会过分看重面子，在人际交往中也能表现出大方的姿态，最终，他们也能获得别人的信任。我们先来看下面一个职场故事：

贝贝是个很勤奋的姑娘，但就是有个缺点，那就是有点自卑，甚至做事扭捏。她在现在这家广告公司已经工作了五六年了，但这么长时间以来，她好像就是个可有可无的人，因为她几乎没接过什么重要的任务，尽管在大家看来，贝贝是个人品好、工作认真的女孩。

最近，她似乎转运了，在公司的选举大会上，她被同事们选举为公司新部门的副主管，她总算进入了中层管理人员的行列。她好运连连，公司还给她安排了去法国总部进修的机会。

一直业绩平平的贝贝居然有这次机会让很多人都急红了眼，他们都争相往老总的办公室跑希望也能争取到这个机会。

这天上午，贝贝正在整理资料，她接到电话，经理让她去一趟，当她坐下，经理笑着说："这次你被老总点名派去法国进修，说明公司对你寄予了厚望，你的工作能力和态度也是一直被公司肯定的，但这几天，一些资历老的同事不断来找我，让我十分为难，你也知道，说实话，他们的资历真的比你老，工作能力也不比你差，如果你能让步，下次我一定再给你争取更好的机会。"

经理说完这些话后，贝贝傻站了半天，她不知道该怎么办。接着，经理让她回去好好想想。

贝贝实在不知道怎么办，最后，她决定给自己的好朋友阿雅打个电话，让她为自己支个招。阿雅从来都是个很有主见

第 10 章
认清自我，撕掉虚假的伪装

的人。

阿雅听她说了个大概，马上就笑了："如果你让出这次机会，你觉得别人在背后会怎么议论你？"

贝贝没明白过来，说："我怎么知道啊？"

阿雅叹了口气，说："你以为别人会说你善解人意、先人后己吗？别傻了，他们会说你傻、缺心眼、没脑子。已经到手的学习、升职的机会你拱手让人，他们不但不会感激你，还认为你是个白痴呢。而你的领导，也可能认为你缺乏干练的工作能力，你认为他下次会真的把机会留给你，你就别做梦了。"

贝贝急了："可是，经理还等着我回复呢，我要是不答应，那以后我还怎么在公司混啊？"

阿雅说："我劝你还是直接说自己需要这次机会，否则，你经理可能还会认为你忸怩作态呢。再说，万一这是他故意试探你的呢？如果你真的退让了，让别人拿走本该属于你的机会，以后他会稳稳当当地继续当领导，或者升职调去其他部门，那么你能剩下什么、得到什么？等到下次，说不定又有人要跟你抢呢。"

贝贝觉得阿雅的话很有道理，于是，就采纳了她的意见，回复人事部经理说："我很感激公司和经理对自己的栽培，很珍惜这次出国进修的机会。"

进修回来后的贝贝果然干练、大方多了，少了过去的很多稚气。

这则案例中,我们看到了一个自卑害羞的女孩的成长过程,刚开始的贝贝显得很不自信,庆幸的是,她得到了好朋友的指点,大胆表达了自己的想法,获得了历练的机会。

可见,只有大方为事,保持自信,才能让别人相信你。生活中,我们可能更在意别人对我们的评价,我们无时无刻不在展现我们的心态,无时无刻不在表现希望或担忧。但如果别人不相信我们,如果别人因为我们的思想经常表现出消极软弱而认为我们无能和胆小,那么,我们将永远不可能担当大任。

心理学家认为,内控的人认为自己可以掌握一切,外控的人认为自己事事受制于人。如果你内心自卑、妄自菲薄,并且也不愿意去克服,那么谁也无能为力。

以下是克服这一错误意识的几种方法,你不妨尝试一下:

1. 客观地认识自己

意思就是不仅要看到自己的优点,也要看到自己的缺点,并客观地给予评价。要做到这一点,除了自己对自己的评价,还要注意从周围人身上获取关于自己的信息。这些人可以是我们的父母,也可以是我们的朋友,也可以是我们的同事,只有这样,我们才能够逐步形成对自我的全面客观的认识。

2. 全面地接纳自己

接纳自己的优点,而容不下自己的缺点,是很多女人容易犯的错误。一个人首先应该自我接纳,才能为他人所接纳。因此,真正的自我接纳,就是要接受所有的好的与坏的、成功的与失败的。不妄自菲薄，也不妄自尊大，不卑不亢，才能健康地发展自己，逐步走向成功。你还需要积极地完善自己的不足。这些不足，指的是某些"内在"上的，比如，学识、技能、素质等。

3. 对于别人对你的批评，理性地看待

因为别人批评你是免不了的，尤其我们中国人很喜欢说别人。如果你对别人的批评很在意，心理上就会很难过，越辩就越黑；如果你以理性的态度、开放的心情去接受，心情反而会坦然。

撕掉虚伪的面具，保持率真的心态

生活中，相信很多人经常看电视或者电影，我们发现，那些演技精湛的演员，都会做到让自己融入角色，然后袒露自己的真实感受，进而打动观众；相反，那些演技浮夸、刻意表现的演员，会让观众感到不屑。不只如此，我们发现，人际交往中，那些受人欢迎者，他们毫不矫揉造作，言语中，他们透露的是真诚，是对话题的炙热，对方也会被他们感染，从而愿意与他们结交。

生活中的人们，也应以保持率真的心态，即使是小小的喜悦之情，也应要表达出来。这才是真实的你，真实的人生。

一天，因为单位某同事喜得贵子，小王和单位其他同事们一起前来道贺。来到同事的家，小王环顾了一下，发现同事的家布置的温暖、舒适，尤其是悬挂着的那些花花草草，更是为整个家增添了几分情致。

正当小王观赏之时，同事说："这几盆花草有真有假，你们看出来了吗？"

"我怎么没有看出来呢？"另外一个同事反问道。

"谁能不用手去摸，不靠近用鼻子闻，在五米以外准确地指出真假，我就送给谁一盆郁金香。"主人有些得意地说。

听到主人的话，大家都兴致勃勃地仔细观察起来。只见眼前的几个盆栽，都长得极为茂盛，看起来个个碧绿如玉，青翠欲滴。乍看之下，真是分不出真假，可是用心观察，你还是能发现其中的不同。小王偶然发现有三盆花依稀能够找到枯萎的残叶，有的叶片上还有淡淡的焦黄，显示出新陈代谢和风雨侵袭的痕迹。可是另外两盆，绿得鲜艳，红得灿烂，没有一片多余的赘叶，没有一丝杂草，更没有一根枯藤。一切都是精心设计精心制造的结果，它们显得完美无缺。看着它们，似乎这完美的东西远不如那些夹杂着残枝败叶的新绿更令人愉快。

有人说，人生原本就是极为真实、简单的，且存有不可避免的缺陷，有些人对完美生活的幻想超出了生活本身，刻意装点的生活，就如那盆假花一样，虽然看起来很精致，但总会缺乏生气，缺少生命经历过的真实。如果时时都是如此的心境，事事都是如此的状态，生活的一切虽看似华丽或精细，但它始终缺少灵魂的寄托。

的确，浇树浇根，交友交心，人际交往中，我们若想交到真正的朋友，获得他人的信任和支持，我们首先要做到的就是对他人敞开心扉，而不能以面具示人。我们发现，那些人际关系良好、和朋友相处融洽的人，无不是做人坦诚者，因为只有坦诚才能获得信任，这才是真正意义上的"以心交心"。尤其在与陌生人的交往中，主动交往、坦诚自己的感受往往更能带动对方参与交往。

可见，如果我们想掌握交际的主动权，就应该迈出交际的第一步，大胆地与人交流，并以诚待人，具体来说，我们需要做到：

1. 找出交往的契机，主动伸出友谊之手

在生活中，并非所有的人都是善谈的，有的人沉默寡言，虽然有交谈的欲望，却不知从何谈起。这就需要你改变态度，率先向对方发出友好信号，激起对方的谈话欲望，以达到交流的目的。

2. 发挥微笑的魅力

俗话说得好，伸手不打笑脸人，对于别人善意的微笑，我们怎么可能会拒绝呢？卡耐基说，笑容能照亮所有看到它的人，像穿过乌云的太阳，带给人们温暖。行动比言语更具有力量，微笑所表示的是："我喜欢你，你使我快乐。我很高兴见到你。"交际中，我们对他人多报以微笑，就会让对方被我们的善意和热情所打动，久而久之，他们也会对我们回以微笑。

3. 以真诚打动人心

与人交往，贵在"诚"字，用诚心和热心才能打动他人，而热的心是首要，热的态度，如关心对方、见面打招呼、买些小东西、参加大伙活动、写些小卡片……都是方法。此外，还有最重要的一点便是，要想得到他人的认可，必须得首先主动敞开自己的心怀。从一开始就要讲真话、实话，不遮遮掩掩，吞吞吐吐，要以你的坦率获得新同事的好感。

总之，我们都应该明白，每个人在生活中都有自己的位置，每个人都扮演着不同的角色，在自己的世界里，我们是主角，在别人的世界里也许只是龙套。我们任何人都要活出真正的自己，坦然面对生活给予的一切，不要让苛求完美的心，使生活失去原本的真实。

参考文献

[1]李国辉. 别让死要面子害了你[M]. 北京：北京理工大学出版社，2016.

[2]孙彪. 面子心理学[M]. 北京：中国友谊出版公司，2017.

[3]黄光国. 人情与面子：中国人的权力游戏[M]. 北京：中国人民大学出版社，2010.

[4]李世强，柴一兵. 别让死要面子毁了你[M]. 海口：南海出版公司，2016.